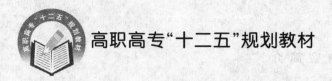

高职高专"十二五"规划教材

车工实习实用教程

主 编 薛 铎
主 审 罗 清

北京航空航天大学出版社

内 容 简 介

本书是一本车工实训教材,以课题形式介绍了车工的基础知识及基本操作技能,着重于车工基本技能训练。主要内容包括:车床操纵、刀具刃磨、测量技术、机床的一级保养、安全文明生产;车外圆、平面、台阶、切断;车内、外沟槽;车圆锥体、成形面和表面修饰;在车床上钻、扩、镗圆柱孔;车削内、外三角形螺纹、梯形螺纹;车削偏心工件;高速车削三角形外螺纹等车工基本操作,还配置了复合作业和综合技能训练。

本书适合于高职高专机械类各专业,也可作为培训教材。

图书在版编目(CIP)数据

车工实习实用教程 / 薛铎主编. --北京:北京航空航天大学出版社,2013.8
ISBN 978-7-5124-1225-5

Ⅰ. ①车… Ⅱ. ①薛… Ⅲ. ①车削—高等职业教育—教材 Ⅳ. ①TG51

中国版本图书馆 CIP 数据核字(2013)第 185275 号

版权所有,侵权必究。

车工实习实用教程
主　编　薛　铎
主　审　罗　清
责任编辑　董　瑞

＊

北京航空航天大学出版社出版发行

北京市海淀区学院路 37 号(邮编 100191)　　http://www.buaapress.com.cn
发行部电话:(010)82317024　　传真:(010)82328026
读者信箱:goodtextbook@126.com　　邮购电话:(010)82316936
三河市汇鑫印务有限公司印装　各地书店经销

＊

开本:787×1 092　1/16　印张:10.25　字数:262 千字
2013 年 8 月第 1 版　2013 年 8 月第 1 次印刷　印数:3 000 册
ISBN 978-7-5124-1225-5　定价:20.00 元

若本书有倒页、脱页、缺页等印装质量问题,请与本社发行部联系调换。联系电话:(010)82317024

前　言

车工实训是职业院校教育中重要的实践性教学环节,对学生掌握基本理论,运用基本知识,训练基本技能,增强实践能力,达到培养综合性应用型人才的目标有着十分重要的作用和意义。

本书是以教育部对职业技术院校车工实训基本要求为依据,参考大量资料,结合实际情况,在多年的实践基础上编写而成,是高等职业技术学院车工技术专业技能型人才培训教材之一。在本教材的编写过程中,我们始终坚持以下几个原则:

1. 在内容上,力求做到理论与实践相结合,从打好基础入手,循序渐进,突出机械类职业院校生产实训教学的特点。

2. 在结构安排和表达方式上,强调由浅入深,强调师生互动和学生自主学习,并且通过大量生产中的案例和图文并茂的表现形式,使学生能够轻松地掌握有关知识。

3. 坚持以就业为导向、以能力为本位的原则,重点突出与操作技能相关的必备专业知识,理论知识以"必备、够用"为度,具有较强的针对性和适应性。

4. 所有课题均来自于教学一线,教学实训与生产实践相结合,以生产出合格的产品为标准,具有较强的实用性和可操作性。

5. 力求反映机械行业发展的现状和趋势,尽可能多地引入新技术、新工艺、新方法、新材料,使教材富有时代感。同时,采用最新的国家技术标准,使教材更加科学和规范。

本书选用的图表直观、形象,定位准确,内容紧扣主题,简洁、通俗,除可作为学校教学用书外,还可作为相关专业技术工人的培训、自学教材。

本书由四川航天职业技术学院薛铎主编,古英、陈享贵副主编,彭兴明、陈伟、吴向春、郭贵川、徐建军参加编写,罗清主审。由于作者编写水平有限,书中的错误和不妥之处,恳请广大读者批评指正。

编　者
2013 年 4 月

目 录

课题一 入门知识 ……………………………………………………………… 1

  1.1 车工生产实习课的任务 …………………………………………………… 1
  1.2 文明生产和安全操作技术 ………………………………………………… 1
  1.3 生产实习课教学特点 ……………………………………………………… 2
  1.4 现场参观 …………………………………………………………………… 2
  1.5 讨 论 ……………………………………………………………………… 2

课题二 车床操纵、量具的使用,刀具刃磨及工件找正 ……………………… 3

  2.1 车床操纵 …………………………………………………………………… 3
    2.1.1 相关工艺知识 ………………………………………………………… 3
    2.1.2 操纵练习 ……………………………………………………………… 5
  2.2 游标卡尺的测量练习 ……………………………………………………… 7
  2.3 千分尺的测量练习 ………………………………………………………… 9
    2.3.1 相关工艺知识 ………………………………………………………… 9
    2.3.2 千分尺的测量姿势和方法 …………………………………………… 11
  2.4 三爪自定心卡盘的装拆 …………………………………………………… 12
  2.5 车刀刃磨 …………………………………………………………………… 15
    2.5.1 相关工艺知识 ………………………………………………………… 15
    2.5.2 技能训练 ……………………………………………………………… 17
  2.6 圆柱形工件在四爪单动卡盘上的装夹和找正 …………………………… 18
    2.6.1 四爪单动卡盘的结构、特点 ………………………………………… 18
    2.6.2 找正的意义 …………………………………………………………… 18
    2.6.3 工件装夹找正的方法和步骤 ………………………………………… 19
  2.7 车床的润滑和维护保养 …………………………………………………… 20
    2.7.1 常用的车床润滑方式 ………………………………………………… 20
    2.7.2 CA6140 型车床的润滑方式 ………………………………………… 21
    2.7.3 车床的日常维护保养要求 …………………………………………… 22
    2.7.4 车床的一级保养 ……………………………………………………… 22

课题三 车外圆、平面、台阶和钻中心孔 …………………………………… 24

  3.1 手动进给车外圆和平面 …………………………………………………… 24
    3.1.1 相关工艺知识 ………………………………………………………… 24
    3.1.2 手动车削练习 ………………………………………………………… 26

  3.1.3 技能训练 ··· 29
 3.2 自动进给车外圆和端面 ··· 29
  3.2.1 相关工艺知识 ·· 30
  3.2.2 技能训练 ··· 31
 3.3 外圆车刀前角和断屑槽的刃磨 ······································· 31
  3.3.1 工艺知识 ··· 32
  3.3.2 技能训练 ··· 34
 3.4 钻中心孔 ·· 34
  3.4.1 相关工艺过程 ·· 34
  3.4.2 技能训练 ··· 37
 3.5 一夹一顶装夹车轴类零件 ·· 37
  3.5.1 相关工艺过程 ·· 37
  3.5.2 技能训练 ··· 39
 3.6 用两顶尖装夹车轴类零件 ·· 40
  3.6.1 工艺知识 ··· 40
  3.6.2 技能训练 ··· 42

课题四 切断、车外沟槽 ·· 43

 4.1 切断刀和车槽刀的刃磨 ··· 43
  4.1.1 相关工艺知识 ·· 43
  4.1.2 技能训练 ··· 46
 4.2 切 断 ··· 46
  4.2.1 相关工艺知识 ·· 47
  4.2.2 技能训练 ··· 49
 4.3 车外沟槽 ·· 49
  4.3.1 相关工艺知识 ·· 49
  4.4.2 技能训练 ··· 51

课题五 车圆锥体 ·· 53

 5.1 游标万能角度尺的使用 ··· 53
  5.1.1 相关工艺知识 ·· 53
 5.2 转动小滑板车外圆锥体 ··· 55
  5.2.1 相关工艺知识 ·· 55
  5.2.2 技能训练 ··· 59
 5.3 转动小滑板车圆锥孔 ·· 60
  5.3.1 工艺知识 ··· 60
  5.3.2 技能训练 ··· 62
 5.4 偏移尾座车圆锥体 ·· 63
  5.4.1 相关工艺知识 ·· 63

5.4.2　技能训练 ··· 65
5.5　铰圆锥孔 ··· 66
　　5.5.1　相关工艺知识 ··· 66
　　5.5.2　技能训练 ··· 68
5.6　车锥齿轮坯 ··· 69
　　5.6.1　相关工艺知识 ··· 69
　　5.6.2　技能训练 ··· 71
5.7　车V带轮 ··· 72
　　5.7.1　相关工艺知识 ··· 72
　　5.7.2　技能训练 ··· 74

课题六　车成形面和表面修饰 ·· 76

6.1　车成形面 ··· 76
　　6.1.1　相关工艺知识 ··· 76
6.2　表面抛光 ··· 79
　　6.2.1　相关工艺知识 ··· 79
　　6.2.2　技能训练 ··· 81

课题七　复合作业（一） ·· 83

　　7.1.1　复合作业一：锥轴 ··· 84
　　7.1.2　复合作业二：变速手柄轴 ·· 85

课题八　车削内、外三角形螺纹 ·· 87

8.1　内外三角形螺纹车刀的刃磨 ··· 87
　　8.1.1　相关工艺知识 ··· 87
　　8.1.2　看生产实习图和确定练习件的操作步骤 ····················· 88
8.2　车削三角形外螺纹 ··· 89
　　8.2.1　相关工艺知识 ··· 89
　　8.2.2　看生产实习图和确定练习件的加工步骤 ····················· 94
8.3　在车床上套螺纹 ·· 97
　　8.3.1　相关工艺知识 ··· 97
　　8.3.2　看生产实习图和确定练习件的加工步骤 ····················· 98
8.4　车削三角形内螺纹 ··· 99
　　8.4.1　相关工艺知识 ··· 99
　　8.4.2　看生产实习图和确定练习件的加工步骤 ··················· 101
8.5　在车床上攻螺纹 ·· 104
　　8.5.1　相关工艺知识 ··· 104
　　8.5.2　看生产实习图和确定练习件的加工步骤 ··················· 106

课题九　钻、镗圆柱孔和切内沟槽 ……………………………………………… 108

9.1　麻花钻的刃磨 ………………………………………………………… 108
9.2　内孔车刀的刃磨 ……………………………………………………… 110
9.2.1　相关工艺知识 …………………………………………………… 110
9.2.2　看生产实习图和确定内孔车刀的刃磨步骤 …………………… 111
9.3　钻　孔 ………………………………………………………………… 111
9.3.1　相关工艺知识 …………………………………………………… 112
9.3.2　看生产实习图和确定练习件的加工步骤 ……………………… 112
9.4　车直孔 ………………………………………………………………… 113
9.4.1　相关工艺知识 …………………………………………………… 113
9.4.2　看生产实习图和确定练习件的加工步骤 ……………………… 116
9.5　车台阶孔 ……………………………………………………………… 117
9.5.1　相关工艺知识 …………………………………………………… 118
9.5.2　看生产实习图和确定练习件的加工步骤 ……………………… 118
9.6　车平底孔和车内沟槽 ………………………………………………… 119
9.6.1　相关工艺知识 …………………………………………………… 120
9.6.2　看生产实习图和确定练习件的加工步骤 ……………………… 121

课题十　梯形螺纹 ……………………………………………………………… 123

10.1　梯形螺纹车刀的刃磨 ………………………………………………… 123
10.1.1　相关工艺知识 ………………………………………………… 123
10.1.2　看生产实习图和确定练习件的加工步骤 …………………… 123
10.2　车削梯形外螺纹 ……………………………………………………… 124
10.2.1　相关工艺知识 ………………………………………………… 124
10.2.2　看生产实习图和确定实习件的加工步骤 …………………… 127
10.3　车削梯形内螺纹 ……………………………………………………… 129
10.3.1　相关工艺知识 ………………………………………………… 129
10.3.2　看生产实习图和确定练习件的加工步骤 …………………… 130

课题十一　复合作业（二） …………………………………………………… 131

课题十二　车削偏心工件 ……………………………………………………… 135

12.1　在三爪卡盘上车削偏心工件 ………………………………………… 135
12.1.1　相关工艺知识 ………………………………………………… 135
12.1.2　看生产实习图和确定练习件的加工步骤 …………………… 136
12.2　在四爪卡盘上车削偏心工件 ………………………………………… 137
12.2.1　相关工艺知识 ………………………………………………… 137
12.2.2　看生产实习图和确定练习件的加工步骤 …………………… 138

12.3 在两顶尖车削偏心工件……………………………………………………………… 140
　　12.3.1 相关工艺知识……………………………………………………………… 140
　　12.3.2 看生产实习图和确定练习的加工步骤…………………………………… 141

课题十三　高速车削三角形外螺纹………………………………………………………… 143
　　13.1.1 相关工艺要求……………………………………………………………… 143
　　13.1.2 看生产实习和确定练习件的加工步骤…………………………………… 144

课题十四　综合技能训练（实例讲解）…………………………………………………… 146

课题一 入门知识

> **教学要求**
> 1. 了解技术要求的性质和生产实习的任务
> 2. 了解文明生产实习和安全操作技术要求
> 3. 了解生产实习课的教学特点
> 4. 了解本校或本厂的生产概况

1.1 车工生产实习课的任务

生产实习课的任务是培养学生全面牢固地掌握本工种的基本操作技能,会做本工种中级技术等级工件的工作,学会一定的先进工艺操作,能熟练地使用、调整本工种的主要设备,独立进行一级保养,正确使用工具、夹具、量具、刀具,具有安全生产知识和文明生产习惯,养成良好的职业道德。要在生产实习教学过程中注意发展学生的技能,还应逐步创造条件,争取完成一至两个相近工种的基本操作技能训练项目。

1.2 文明生产和安全操作技术

1. 文明生产

文明生产是工厂管理的一项十分重要的内容,直接影响产品质量的好坏,影响设备和工具、夹具、量具的使用寿命,影响操作工人技能发挥。作为在校的学生,工厂的后备工人,从开始学习基本操作技能时,就要重视培养文明生产的良好习惯。因此,要求操作者在操作时必须做到:

(1) 开车前,应检查车床各部分机构是否完好,各转动手柄、变速手柄位置是否正确,以防开车时因突然撞击而损坏机床;启动后,应使主轴低速空转 1~2 分钟,使润滑油散布到各需要之处(冬天更为重要),等车床运转正常后才能正式工作。

(2) 工作中需要变速时,必须先停车。变换走刀箱手柄位置必须在低速时进行。使用电器开关的车床不准用正、反车作紧急停车,以免打坏齿轮。

(3) 不允许在卡盘上及床身导轨上敲击或校直工件,床面上不准放置工具或工件。

(4) 装夹较重的工件时,应该用木板保护床面。下班时如工件不卸下,应该用千斤顶支撑。

(5) 车刀磨损后,要及时刃磨;用磨钝的车刀继续切削,会增加车床负荷,甚至损坏机床。

(6) 车削铸铁,气割下料的工件时,要擦去导轨上的润滑油,清理干净工件上的型砂杂质,以免损坏机床导轨。

(7) 使用冷却液时,要在车床导轨上涂上润滑油。冷却泵中的冷却液应定期调换。

(8) 下班前,应清除车床上及车床周围的切屑及冷却液,擦净后按规定在加油部位加上润滑油。

(9) 下班后将大托板摇至床位一端,各转动手柄放到空挡位置,关闭电源。

(10) 每件工具应放在固定位置,不可随便乱放。应当根据工具自身用途来使用,例如不能用扳手代替榔头,钢尺代替旋凿(起子)等。

(11) 爱护量具,保持清洁,用后擦净,涂油,放置盒内并及时归还工具室。

2. 工具、夹具、量具和图样合理放置

(1) 工作中使用的工具、夹具、量具以及工件,应尽可能靠近和集中在操作者的周围。布置物件时,右手拿的放在右边,左手拿的放在左边;常用的放得近些,不常用的放得远些。物件放置应有固定位置,用手放回原处。

(2) 工具箱的布置要分类,并保持清洁、整齐。要求小心使用的物体应放置稳妥,重的东西放在下面,轻的放在上面。

(3) 图样、操作卡片应放在便于阅读的部位,并注意保持清洁和完整。

(4) 毛坯、半成品和成品分开放置,并按次序整齐排列以便安放或拿取。

(5) 工作位置周围应保持清洁。

3. 安全操作技术

操作时必须提高执行纪律的自觉性,遵守规章制度,并严格遵守以下安全技术要求:

(1) 穿工作服,戴套袖。女同志应带工作帽,头发或辫子应塞入帽内。

(2) 戴防护眼镜,注意头部与工件不能靠得太近。

1.3 生产实习课教学特点

生产实习课主要是培养学生全方面掌握技术操作技能、技巧,与文化理论课教学相比较,具有如下特点:

(1) 在教师指导下,经过示范、观察、模仿、反复练习,使学生获得基本操作技能。

(2) 要求学生经常分析自己的操作动作和生产实习的综合效果,善于总结经验,改进操作方法。

(3) 通过生产(特别是在复合作业中),能"真刀真枪"地练出本领,并创造一定的经济效益。

(4) 通过科学化、系统化和规范化的基本训练,让学生全面进行基本功的训练。

(5) 生产实习教学是结合生产实际进行的,在整个生产实习教学过程中,都要树立安全操作和文明生产的思想。

1.4 现场参观

(1) 参观历届同学的实习工件和生产产品。

(2) 参观学校或工厂的设施。

1.5 讨 论

(1) 对学习车工工作的认识和想法。

(2) 遵守实习场规章制度的重要意义。

(3) 注意文明生产和遵守安全操作规程的重要意义。

课题二　车床操纵、量具的使用，刀具刃磨及工件找正

> **教学要求**
> 1. 掌握车床的操纵及卡盘的装拆
> 2. 熟练掌握测量工具的使用方法
> 3. 熟练掌握车刀角度及刃磨方法
> 4. 懂得安全、文明生产的相关知识

2.1　车床操纵

技能目标
- ◆ 了解车床型号、规格、主要部件的名称和作用、各部分传动系统和装置。
- ◆ 熟练掌握床鞍、中滑板、小滑板进退刀方法及各手柄的作用。
- ◆ 熟练掌握各手柄的作用，并能根据需要，按车床铭牌调整手柄位置。
- ◆ 懂得安全、文明生产的相关知识。

2.1.1　相关工艺知识

1. 车床各部分名称及其作用

CA6140型车床是我国自行设计的卧式车床，外形结构如图2-1所示。它由主轴部分、交换齿轮箱部分、进给部分、溜板部分、尾座、床身、冷却装置、床脚和附件等组成。

（1）主轴部分

主轴箱内有多组齿轮变速机构，变换箱外手柄位置，可使主轴以各种不同的转速运行。

（2）交换齿轮箱部分

交换齿轮箱的作用是把主轴的旋转运动传送给进给箱。其内部有两组交换齿轮，分别为63齿、100齿、75齿和64齿、100齿、97齿。车削螺纹时交换齿轮选63齿、100齿、75齿；车削蜗杆时选64齿、100齿、97齿。交换齿轮箱和进给箱及光杠、丝杠配合，可以得到不同的进给量，车削各种不同螺距的螺纹。

（3）进给部分

进给部分主要由以下几部分组成：

① 进给箱：利用它内部的齿轮传动机构，可以把主轴传递的动力传给光杠或丝杠。变换箱外相关的手柄位置，可以使光杠或丝杠得到多种不同的转速。

② 光杠：把动力传递给溜板部分，带动床鞍、中滑板，使车刀做纵向或横向进给运动。

③ 丝杠：用来车削螺纹或蜗杆。

（4）溜板部分

溜板部分主要由以下几部分组成：

① 溜板箱：变换箱外手柄处,在光杠或丝杠的作用下,可使车刀按要求方向做进给运动。

② 滑板：分床鞍、中滑板、小滑板三种。床鞍做纵向移动,中滑板做横向移动,小滑板通常做纵向移动。

(5) 尾座部分

尾座用来装夹顶尖,支顶较长工件,还可以装夹其他切削刀具,如中心钻、钻头、铰刀等。尾座能沿床身导轨纵向移动,以调整其工作位置。

(6) 床身

床身用来支持和装夹车床的各个部分,床身上面有两条精度要求很高的导轨,床鞍和尾座可沿导轨移动,并保证各部分在工作时有准确的相对位置,是基础部件。

(7) 冷却装置

冷却装置主要通过冷却泵将水箱中的切削液加压后喷射到切削区域,降低切削温度,冲走切屑,润滑加工表面,以提高刀具使用寿命和工件的表面加工质量。

(8) 床脚

前后两个床脚分别与床身前后两端下部连为一体,用以支撑安装在床身上的各个部件。同时通过地脚螺栓和调整垫块使整台车床固定在工作场地上,并使床身调整到水平状态。

(9) 刀架

刀架用来装夹各种车刀。

(10) 附件

车削较长工件时,中心架和跟刀架起支撑、增加刚性的作用。

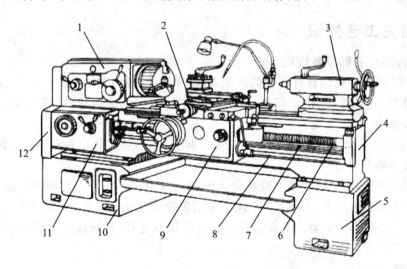

1—主轴箱；2—刀架；3—尾座；4—床身；5、10—床脚；6—丝杠；7—光杠；
8—操纵杆；9—溜板箱；11—进给箱；12—交换齿轮箱

图 2-1 CA6140 型车床外形图

2. 车床各部分传动关系

电动机输出的动力,经带传动给主轴箱,变换箱外的手柄位置,可使箱内不同的齿轮啮合,从而使主轴得到各种不同的转速。主轴通过卡盘带动工件做旋转运动。此外,主轴的旋转通过交换齿轮箱、进给箱、光杠（或丝杠）和溜板箱的传动,使溜板带动装在刀架上的。刀具沿床身导轨做纵向或横向的直线进给运动,如图 2-2 所示。

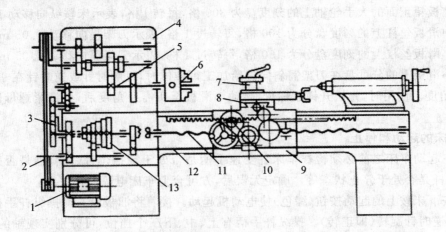

1—电动机;2—传动带;3—交换齿轮;4—主轴箱;5—主轴;6—卡盘;7—刀架;
8—中滑板;9—溜板箱;10—齿条;11—丝杠;12—光杠;13—变速齿轮组

(a) 传动示意图

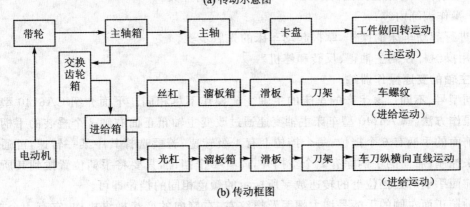

(b) 传动框图

图 2-2 CA6140 型车床的传动系统

2.1.2 操纵练习

1. 床鞍、中滑板和小滑板移动练习

(1) 床鞍的纵向移动由溜板箱正面的大手轮控制。当顺时针转动手轮时,床鞍向右运动;逆时钟转动手轮时,床鞍向左运动。

(2) 中滑板手柄控制中滑板的横向移动和横向进给量。当顺时针转动手柄时,中滑板向远离操作者的方向移动(即横向进给);逆时针转动手柄时,则向相反方向移动(即横向退刀)。

(3) 小滑板可做短距离的纵向移动。小滑板手柄顺时针转动,小滑板向左移动;逆时针转动小滑板手柄时,则向相反方向移动。

 提示
- ◆ 熟练操作,使床鞍和中、小滑板慢速均匀移动,要求双手交替动作。
- ◆ 分清中滑板的进给和退刀方向,要求反应灵活,动作准确。

2. 刻度盘及分度盘的操作训练

(1) 溜板箱正面的大手轮轴上的刻度盘为 300 格,每转 1 格,表示床鞍纵向移动 1 mm。

(2) 中滑板丝杠上的刻度盘分为 100 格,每转过 1 格,表示刀架横向移动 0.05 mm。

(3) 小滑板丝杠上的刻度盘分为 100 格,每转过 1 格,表示刀架纵向移动 0.05 mm。

(4) 小滑板上的分度盘在刀架需斜向进给加工短锥体时,可顺时针或逆时针在 90°范围内转过某一角度。使用时,先松开锁紧螺母,转动小滑板至所需要角度后,再锁紧螺母以固定小滑板。

3. 车床的起动和停止

(1) 在起动车床之前必须检查车床各变速手柄是否处于空挡位置、离合器是否处于正确位置、操纵杆是否处于停止状态等。确定无误后,方可合上车床电源总开关。

(2) 按下床鞍上的起动按钮(绿色)使电动机起动。接着将溜板箱右侧操纵杆手柄向上提起,主轴便逆时针旋转(即正转)。操纵杆手柄有上、中、下三个挡位,可分别实现轴的正转、停止、反转。若需长时间停止主轴转动,必须按下床鞍上的红色按钮,使电动机停止转动。下班时,则需关闭车床电源总开关,并切断本车床电源刀闸开关。

(3) 操作训练内容:

① 进行起动车床的操作,掌握起动车床的先后步骤。

② 用操纵杆控制主轴正、反转和停机。

4. 主轴的变速操作训练

不同型号、不同厂家生产的车床的主轴变速操作不尽相同。下面介绍 CA6140 型车床主轴变速操作方法。CA6140 型车床主轴变速通过改变主轴箱正面右侧 2 个叠装的手柄位置来控制。前面的手柄有 6 个挡位,每个挡位上有 4 级转速,若要选择其中某一转速,可通过后面的手柄来控制;后面的手柄除有 2 个空挡外,尚有 4 个挡位,只要将手柄位置拨到其所显示的颜色与前面手柄所处挡位上的转速数字所标示的颜色相同的挡位即可。

主轴箱正面左侧的手柄是增大螺距及螺纹左、右旋向的变换操纵机构,它有 4 个挡位:左上挡位为车削右旋螺纹,右上挡位为车削左旋螺纹,左下挡位为车削右旋增大螺距螺纹,右下挡为车削左旋增大螺距螺纹。

5. 进给箱操作训练

(1) 操作说明

CA6140 型车床进给箱正面左侧有一个手轮,右侧有前后叠装的 2 个手柄,前面的手柄有 A、B、C、D 共 4 个挡位,是光杠、丝杠变换手柄;后面的手柄有Ⅰ、Ⅱ、Ⅲ、Ⅳ 4 个挡位与有 8 个挡位的手轮相配合,用以调整进给量及螺距。实际操作时应根据加工要求,查找进给量和螺距调配表来确定手轮和各手柄的具体位置。当后手柄处于正上方第Ⅴ挡位时,齿轮箱的运动不经过进给箱变速,而与丝杠直接相连。

(2) 操作训练内容

确定选择纵向进给量为 0.46 mm/r,横向进给量为 0.2 mm/r 时,手轮与手柄的位置,并能熟练调整。

6. 自动进给的操作训练

(1) 操作说明

溜板箱右侧有一个带"十"字槽的扳动手柄,是刀架实现纵、横向移动进给和快速移动的集中操纵机构。该手柄的顶部有一个快进按钮,是控制接通快速电动机的按钮。当按下此按钮时,快速电动机工作;放开按钮时,快速电动机停止转动。该手柄扳动方向与刀架运动的方向一致,操作方便,与快速电动机相互配合,则床鞍或中滑板可做纵向或横向快速移动。

(2) 操作训练内容

① 进行床鞍左、右两个方向快速纵向进给训练。注意防止床鞍与主轴箱或尾座相撞。

② 进行中滑板前、后两个方向快速横向进给训练。操作时应注意中滑板前、后伸出床足够远时,应立即放开快进按钮,停止快进,避免因中滑板伸出太长而使燕尾导轨受损,影响运动精度。

> **注意事项**
> - 变换车速时,应停机进行。
> - 要求每台机床都具有防护设施。
> - 摇动滑板时要集中注意力,做模拟切削运动。
> - 车床运转操作时,转速要低,注意防止前、后、左、右碰撞,以免发生事故。
> - 在操纵演示后,逐个轮换练习一次,然后再分散练习,以防机床发生事故。
> - 开合螺母手柄,暂时不做操作练习。

2.2 游标卡尺的测量练习

技能目标
- ◆ 了解游标卡尺的种类、规格和用途。
- ◆ 懂得读数值为 0.02 mm 的游标卡尺的刻线原理、读数方法。
- ◆ 掌握使用卡尺测量的姿势和方法。
- ◆ 懂得卡尺使用时的注意事项。
- ◆ 用读数值为 0.02 mm 的游标卡尺测量时,测量误差控制在±0.04 mm 之内。

游标卡尺是车工应用最多的通用量具,主要是用来测量中等精度的零件,可以测量工件外径、孔径、长度、深度及沟槽宽等,测量范围很广泛。

1. 游标卡尺的种类、规格

游标卡尺的种类很多,可分为常用的两用和三用游标卡尺、深度游标卡尺、高度游标卡尺、齿厚游标卡尺、带表游标卡尺、数显游标卡尺等。几种游标卡尺如图 2-3 所示。按其测量范围可分为120 mm、150 mm、200 mm、300 mm、500 mm 等。按其游标读数值可分为 0.1 mm、0.05 mm、0.02 mm。

2. 游标卡尺的刻线原理及读数方法

游标卡尺的读数值是利用尺身和游标刻线间距离之差来确定的,现将 0.02 mm 的刻线原理介绍如下。

游标读数值为 0.02 mm 的游标卡尺,尺身每小格为 1 mm,游标刻线总长为 49 mm,并等分为 50 格,因此每格为 49 mm/50＝0.98 mm,则尺身和游标相对一格的差为 1 mm－0.98 mm＝0.02 mm,所以它的游标读数值为 0.02 mm。

游标卡尺的读数方法:读数前应明确所用游标卡尺的游标读数值;读数时先读游标零(左)

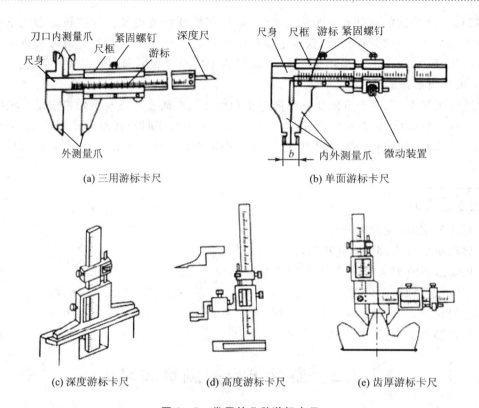

图 2-3 常用的几种游标卡尺

边尺身的整数毫米值,接着在游标卡尺上找到与尺身刻线对齐的刻线,在游标的刻度尺上读出小数毫米值(其值等于格数乘以尺的游标读数值);然后再将上面两项读数加起来,即为被测表面的实际尺寸,如图 2-4 所示。

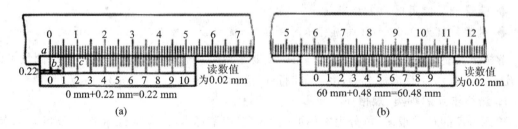

图 2-4 测量示例

3. 用游标卡尺测量工件的姿势和方法

游标卡尺测量工件的姿势和方法如图 2-5 所示。

> **注意事项**

- 不能用游标卡尺测量铸件、锻件等毛坯表面。
- 用游标卡尺测量时应擦净零件表面的灰尘、油污等,否则会影响其测量准确度。
- 检查游标卡尺各部分滑动间隙,不易过紧或过松,并校对零位。
- 测量时量爪应和测量面贴平,以防量爪歪斜,产生测量误差。
- 使用游标卡尺测量时,松紧程度要适当,特别是用微调螺钉使测量爪接近工件时,尤其

课题二 车床操纵、量具的使用，刀具刃磨及工件找正

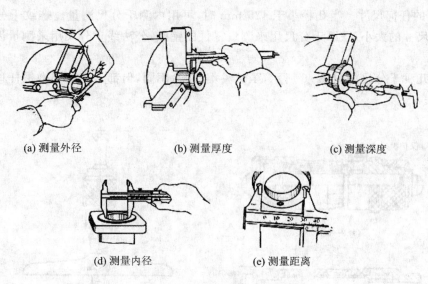

(a) 测量外径　　　　(b) 测量厚度　　　　(c) 测量深度

(d) 测量内径　　　　(e) 测量距离

图 2-5　游标卡尺的使用方法

要注意不能卡得太紧，以靠卡尺自重滑下为宜。
- 读数时，视线与刻线面要垂直。
- 车床未停稳，不能使用游标卡尺测量工件。
- 游标卡尺放置时应轻拿轻放、放平，大卡尺更需注意，且远离强磁场。
- 游标卡尺用完后要擦干净，放入专用的卡尺盒内。

2.3　千分尺的测量练习

技能目标

◆ 了解千分尺的种类、规格和用途。
◆ 掌握千分尺的结构形状、刻线原理和读数方法。
◆ 掌握内径千分尺的测量姿势、测量方法。
◆ 了解测量时容易产生的问题和注意事项。

2.3.1　相关工艺知识

千分尺是生产中最常用的精密量具之一，它的分度值一般为 0.01 mm。

1. 千分尺的种类、规格及用途

千分尺的种类很多，按用途可分为外径千分尺、内径千分尺、深度千分尺、内测千分尺、螺纹（三角形）千分尺、壁厚千分尺和公法线千分尺等。

外径千分尺主要用于测量工件的外尺寸，如外径、长度、厚度等。由于测微螺杆的长度受制造时的限制，其移动量通常为 25 mm，所以常用的千分尺测量范围分别为 0～25 mm、25～50 mm、50～75 mm、75～100 mm 等，每隔 25 mm 为一挡规格。500～1 000 mm 的尺寸间隔为 100 mm，还有 1 000～3 000 mm 的外径千分尺。

内径、内测千分尺用于内径、沟槽、卡规等的精密测量。内径千分尺可组合使用，测量 50～

1 500 mm 间的任何尺寸。当孔径小于 425 mm 时,可用内测千分尺测量。螺纹千分尺用来测量螺纹中径尺寸的大小,壁厚千分尺用来测量零件的壁厚,公法线千分尺用来测量齿轮公法线的长短。

常用的几种千分尺如图 2-6 所示,虽然种类、用途不同,但都是利用测微螺杆移动的基本原理制成的。

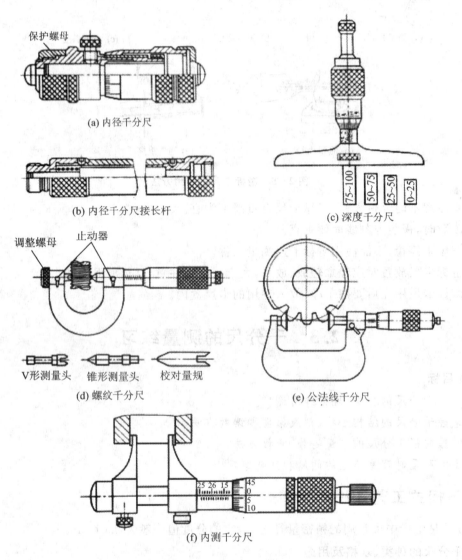

图 2-6 常用的几种千分尺

2. 千分尺的结构、刻线原理及读法

外径千分尺由尺架 1、砧座 2、测微螺杆 3、锁紧手柄 4、固定套筒 6、微分筒 7 和测力装置 10 等组成。它的外形和结构如图 2-7 所示。

尺架右端的固定套筒 6(上面刻有刻线)固定在螺纹轴套 5 上。而螺纹轴套又和尺架 1 紧密配合成一体,测微螺杆 3 中间是精度很高的外螺纹,与螺纹轴套 5 上的内螺纹精度配合,当配合间隙增大时,可利用螺母 8 依靠锥面调节。测微螺杆另一端的外圆锥与接头 9 的内圆圆锥相配,并与测力装置 10 连接,由于接头 9 上开有轴向槽,依靠圆锥张力使微分筒 7 与测微螺杆 3 和测力装置 10 结合成一体。旋转测力装置时,就带动测微螺杆和微分筒一起旋转,沿轴向移动,即可测量尺寸。测力装置是使测量面与被测工件接触时保持恒定的测力力,以便测出正确的尺寸,它的结构原理如图 2-7 放大图所示,棘轮爪 12 在弹簧 11 的作用下与棘轮 13 啮合。当转动测力装置,千分尺两测量面接触工件,超过一定压力时,棘轮 13 沿着棘轮爪的斜面滑动,发出"嗒嗒嗒"的响声,这时就可读出工件尺寸。测量时为了防止尺寸变动,可转动手柄通过偏心锁紧测微螺杆。

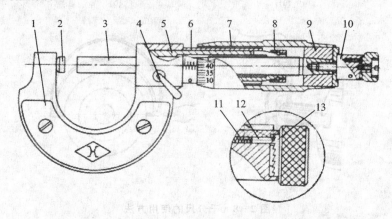

1—尺架;2—砧座;3—测微螺杆;4—锁紧手柄;5—螺纹轴套;6—固定套筒;7—微分筒(活动套管);
8—螺母;9—接头;10—测力装置;11—弹簧;12—棘轮爪;13—棘轮

图 2-7 外径千分尺的结构、形状

千分尺的刻线原理是千分尺测微螺杆 3 的螺距为 0.5 mm,固定套筒 6 上直线距离每格为 0.05 mm,当微分筒 7 转一周时,测微螺杆就移动 0.5 mm,微分筒的圆周斜面上共刻 50 格。因此,当微分筒转一格时(1/50 转),测微螺杆移动 0.5 mm/50=0.01 mm,所以常用千分尺的分度值为 0.01 mm。

千分尺的读数方法,可分三步:
(1) 先读出微分筒左边固定套筒上露出刻线的整毫米数。
(2) 看准微分筒上哪一格与固定套筒上的轴向基准对准,读出尺寸的毫米小数值。
(3) 把固定套筒上读出的毫米整数值与微分筒上读出的毫米小数相加,即为测得的实际尺寸。

2.3.2 千分尺的测量姿势和方法

1. 外径千分尺的测量方法

用外径千分尺测量时,千分尺可单手握(见图 2-8(a))、双手握(见图 2-8(c)、(d))或固定在尺架上(见图 2-8(b)),测量时误差可控制在 0.01 mm 范围内。

2. 内径千分尺的测量方法

内径千分尺的外形结构如图 2-9 所示,使用方法如图 2-10 所示。测量时应在孔内摆动,在直径方向应找出最大尺寸,轴向应找出最小尺寸,这两个重合尺寸就是孔的实际尺寸。

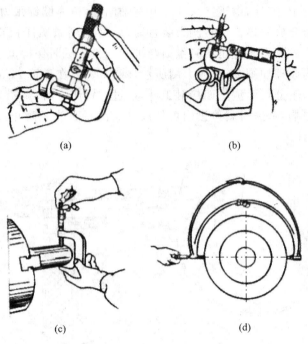

图 2-8 千分尺的使用方法

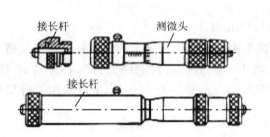

图 2-9 内径千分尺的外形结构

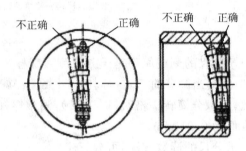

图 2-10 内径千分尺的使用方法

注意事项

- 千分尺测量工件尺寸之前，应检查千分尺的"零位"，即检查微分筒上的零线与固定零线基准是否对齐，测量时要考虑到零位不准的示值误差，并加以校正。
- 用千分尺测量工件尺寸时，应卡尺、千分尺组合使用，这样可防止千分尺读值相差0.5 mm的错误。
- 千分尺是精密量具，不能用来测量毛坯表面。
- 千分尺测量时应轻拿轻放。

2.4 三爪自定心卡盘的装拆

技能目标

◆ 了解三爪自定心卡盘的结构、规格及其作用。

◆ 掌握三爪自定心卡盘零部件的拆装和卡盘装卸时的安全注意事项。
◆ 根据装夹需要,能更换正、反卡盘。
◆ 能在主轴上装卸三爪自定心卡盘。

三爪自定心卡盘是车床上运用最为广泛的一种通用工具,其结构如图 2-11 所示。它主要是由外壳体、三个卡爪、三个小锥齿轮和一个大锥齿轮等零件组成。当卡盘扳手方榫头插入小锥齿轮 2 的方孔 1 中转动时,小锥齿轮就会带动大锥齿轮 3 转动,大锥齿轮的背面是平面螺纹 4,卡爪 6 背面的螺纹与平面螺纹啮合,从而驱动三个爪同时做向心或离心移动,使工件被夹紧或松开。

1. 三爪自定心卡盘的规格、用途和特点

常用的米制三爪自定心卡盘规格有 150 mm、200 mm、250 mm 三种。用途是装夹工件,并带动工件随主轴一起旋转,实现主运动。三爪自定心卡盘能自动定心,安装工件快捷、方便,但夹紧力不如四爪单动卡盘大,一般用于精度要求不是很高,形状规则(如圆柱形、正三边形、正六边形)的中、小工件的安装。

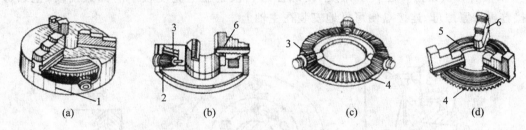

1—方孔;2—小锥齿轮;3—大锥齿轮;4—平面螺纹;5—背面螺纹;6—卡爪

图 2-11 三爪自定心卡盘

2. 三爪自定心卡盘的拆装步骤

(1) 松开三个紧固螺钉取出三个锥齿轮。
(2) 松开三个紧固螺钉取出防尘盖板和带有平面螺纹的大锥齿轮。

3. 三爪自定心卡盘的拆装训练

卡爪有正、反两副。正卡爪用于装夹外圆直径较小和内孔直径较大的工件,反卡爪用于装夹外圆直径较大的工件。

安装卡爪时,若看不清卡爪上的号码,则可把卡爪并排放在一起,比较卡爪端面螺纹牙数的多少。多的为 1 号卡爪,其次是 2 号卡爪,少的为 3 号卡爪,如图 2-12 所示。

将卡爪扳手的方榫头插入外壳圆柱的方孔中(小锥齿轮的方孔),按顺时针方向旋转,以驱动大齿轮背面的平面螺纹。当平面螺纹的螺扣转到将要接近外壳上的槽 1 时,将 1 号卡爪插入壳体槽 1 内,继续顺时针转动卡盘扳手,在卡盘壳体的槽 2、槽 3 依次装入 2 号、3 号卡爪,拆卸卡爪的操作方法与之相反。

4. 三爪自定心卡盘在主轴上的装拆练习

由于三爪自定心卡盘是通过连接盘与车床主轴连为一体的,所以连接盘与车床主轴、三爪自定心卡盘间的圆同轴度要求很高。连接盘与主轴及卡盘的连接方式如图 2-13 所示。

CA6140 型车床主轴前端为短锥法兰盘形结构(不同于 C620-1 车床是靠螺纹连接,轴、孔配合定位的),用于安装连接盘。连接盘由主轴上的短圆锥面定位。安装前,要根据主轴短

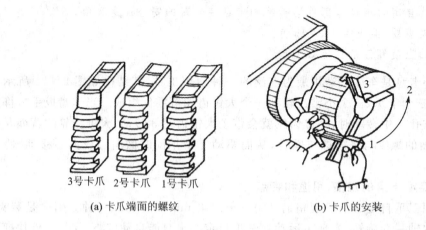

(a) 卡爪端面的螺纹　　　　　　(b) 卡爪的安装

图 2-12　卡爪的安装

圆锥面和卡盘后端的台阶孔径配制连接盘。安装时，让连接盘 4 的四个螺栓 5 及其上的螺母 6 从主轴轴肩和锁紧盘转过一个角度，使螺栓进入锁紧盘上宽度较窄的圆弧槽段，把螺母卡住，接着再拧紧螺母，连接盘便可靠地安装在主轴上。

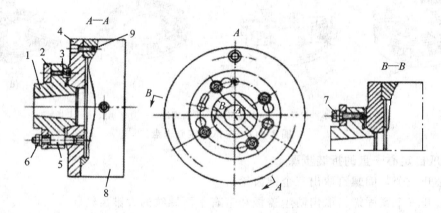

1—主轴；2—锁紧盘；3—端面键；4—连接盘；5—螺栓；6—螺母；7,9—螺钉；8—卡盘

图 2-13　连接盘与主轴、卡盘的连接

连接盘前面的台阶面是安装卡盘 8 的定位基面，与卡盘后端面的台阶孔（俗称止口）配合，以确定卡盘相对于连接盘的正确位置（实际上是连接盘前面台阶与卡盘后端台阶孔相对主轴中心正确位置）。通过三个螺钉 9 将卡盘和连接盘连接在一起。这样，主轴、连接盘、卡盘三者都可靠地连为一体，并保证主轴与卡盘同轴。

图 2-13 中端面键 3 可防止连接盘相对主轴转动，是保险装置。螺钉 7 为拆卸连接盘时用的顶丝。

> **注意事项**

- 装拆卡盘、卡爪时，应切断电源，以防危险。在靠近主轴处的床身导轮上垫一块木板，以保护导轨面不受意外撞击。
- 安装时将卡盘和连接盘各表面（尤其是定位配合表面）擦净并涂油，用一根比主轴通孔直径稍小的硬木棒穿在卡盘中,将卡盘抬到连接盘端,将棒料一端插入主轴通孔内,另一端伸在卡盘外。
- 小心地将卡盘背面的台阶孔装配在连接盘的定位基面上,并用三个螺钉将连接盘与卡盘可靠地连为一体,然后抽去木棒,撤去垫板。
- 装三个卡爪时,应按逆时针方向顺序转动大锥齿轮的平面螺纹,并防止平面螺纹的螺纹转过头。
- 卸下卡盘时,应在主轴孔内插入一硬木棒,木棒另一端伸出卡盘之外并搁置在刀架上,垫好床身护板,卸下连接盘与卡盘连接的三个螺钉,并用木锤轻敲卡盘背面以使卡盘止口从连接盘的台阶上分离下来,小心地卸下卡盘。
- 遵循安装文明操作规程。

2.5 车刀刃磨

技能目标
◆ 了解车刀的材料、种类和刃磨意义。
◆ 了解砂轮的种类、使用及安全注意事项。
◆ 初步掌握车刀的刃磨姿势、方法、步骤及要领。

2.5.1 相关工艺知识

在车床上加工工件,主要依靠工件的旋转主运动和刀具的进给运动来完成切削加工。

车刀几何角度选择是否合理、车刀刃磨角度是否正确,都会直接影响工件的加工质量和切削效率。合理地选择、正确地刃磨车刀,是车工必须掌握的最关键的操作技能之一。

1. 常用车刀的材料(刀头部分)

一般有高速钢和硬质合金两类。车刀的种类有外圆车刀、内孔车刀、切断刀和螺纹车刀等。

2. 砂轮的种类

目前常用的砂轮有氧化铝和碳化硅两类,刃磨时必须根据刀具材料来选定。

(1) 氧化铝砂轮呈白色,其砂粒韧性好,比较锋利,但磨粒硬度稍低(磨粒容易从砂轮上脱落),适用刃磨高速钢车刀和硬质合金车刀的刀柄部分,氧化铝砂轮也称刚玉砂轮。

(2) 碳化硅砂轮多呈绿色,其砂粒硬度高,切削性能好,但较脆,适用于刃磨硬质合金车刀。

砂轮的粗细用粒度表示,详见 GB/T 2484—2006,粗磨时用粗粒度(基本尺寸大),精磨时用细粒度(基本尺寸小)。

3. 车刀刃磨的方法和步骤

现以 90º 硬质合金(YT5)外圆车刀为例,介绍手工刃磨的方法。

(1) 粗磨主后面,同时磨出主后角和主偏角(见图 2-14)。磨主后面时,刀柄应与砂轮轴线保持平行。同时,刀体底平面向砂轮方向倾斜一个主后角,靠在砂轮的外圆表面上,以接近砂轮中心的水平位置为刃磨的起始位置,并作左右缓慢移动,当砂轮磨至切削刃处即可结束。这样可同时磨出主偏角和主后角。

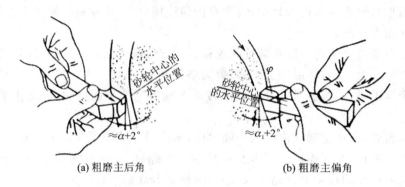

图 2-14 粗磨主后角和主偏角

（2）粗磨副后面，同时磨出副偏角和副后角。磨副后面时，车刀底平面向砂轮方向倾斜一个副后角的同时，刀柄尾部应向右转过一个副偏角，具体刃磨方法与粗磨主后刀面大体相同，不同的是粗磨副后面时砂轮应磨到刀尖处为止。

（3）粗磨前面，用砂轮的端面粗磨车刀的前面，同时磨出前角，如图 2-15 所示。

（4）精磨前面、主后面、副后面。精磨前面时需修整好砂轮，保证砂轮旋转平稳，刃磨时双手抓稳车刀，调整好角度，并使后面轻轻靠在砂轮端面上，沿砂轮端面缓慢地左右移动，使砂轮磨损均匀，后面才能磨平，车刀切削刃口才能平直。

（5）车刀手工刃磨时，在砂轮上刃磨的车刀，其切削刃有时不够平滑光洁，前后表面粗糙度值大，若用放大镜观察，可以发现其刃口呈凸凹不平状态。使用这样的车刀车削时，不仅会直接影响工件的表面粗糙度，而且会降低车刀的使用寿命，若是硬质合金车刀，在切削过程中还会产生崩刃现象，所以手工刃磨的车刀还应用细磨石研磨其切削刃。研磨时，手持磨石在前、后面上来回移动，要求动作平稳，用力均匀，如图 2-16 所示。

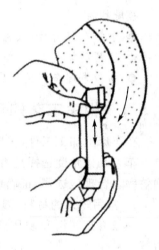

图 2-15 粗磨前面

研磨后的车刀，应消除在砂轮上刃磨后的痕迹，刀具表面粗糙度值达到 $Ra0.2\sim0.4\ \mu m$。

（6）修磨刀尖圆弧。

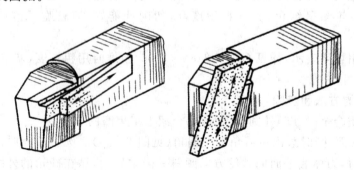

图 2-16 用墨石研磨车刀

注意事项

- 人站在砂轮侧面,以防砂轮碎裂时碎片飞出伤人。
- 两手握刀,两肘夹紧腰部,这样可以减小磨刀时的抖动。
- 车刀刃磨时,不能用力过大,以防打滑伤手。
- 车刀高低必须控制在砂轮水平中心,刀头略向上翘,否则会出现过大或负后角等弊端。
- 车刀刃磨时应做水平左右慢速移动,以免砂轮表面磨出凹坑,而使切削刃不易磨直。
- 在平行砂轮上磨刀时,尽可能避免使用砂轮侧面。
- 砂轮磨削表面经常用砂轮刀来回修整,保证砂轮没有明显的跳动。
- 磨刀时应佩戴防护镜。
- 刃磨硬质合金车刀时,不能把刀头放入水中冷却,以防刀片突然冷却而碎裂;刃磨高速钢车刀时,应随时用水冷却,以防车刀过热退火,降低硬度。
- 在磨刀前,要对砂轮的防护设施进行检查,检查其防护罩壳是否齐全,托架与砂轮之间的间隙是否合理。
- 重新安装砂轮后,要进行检查,经试转后才能使用。
- 刃磨结束后,应随手关闭砂轮机电源。
- 刃磨刀具练习可以与卡钳测量练习和机床操作练习等交叉进行。

2.5.2 技能训练

车刀刃磨练习,如图 2-17 所示。

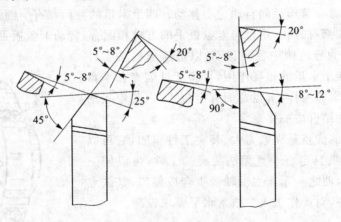

图 2-17 车刀刃磨

1. 工艺准备

(1) 18 mm×18 mm×18 mm 刀坯练习件,18 mm×18 mm×18 mm 刀坯(高速钢)。

(2) 角度样板。

(3) 砂轮机、磨石、砂轮刀。

2. 操作过程

(1) 选择氧化铝砂轮。

(2) 粗磨主、副后面,同时修正主、副偏角。

(3) 粗、精磨前面,磨成前角。

(4) 精磨主、副后面,同时修正主、副偏角。

(5) 修磨刀尖。

(6) 研磨前面、主后面和副后面。

3. 操作技术要点

(1) 掌握 45°、90°外圆车刀的刃磨方法,要求站立位置和操作姿势正确,刀具移动平稳。

(2) 掌握用角度样板测量车刀角度的方法。

(3) 应先用刀坯练习件练习。

2.6　圆柱形工件在四爪单动卡盘上的装夹和找正

技能目标

◆ 了解四爪单动卡盘的结构、特点。

◆ 理解工件装夹和找正的意义。

◆ 掌握在四爪单动卡盘上装夹并找正盘类工件、圆柱类工件的步骤和方法。

◆ 了解装夹工件时的注意事项。

◆ 用划线盘找正练习,使工件外圆和端面的圆跳动量在 0.03 mm 左右。

2.6.1　四爪单动卡盘的结构、特点

四爪单动卡盘有四个各自独立运动的卡爪 1、2、3、4(见图 2-18),它们不能像三爪自定心卡盘的卡爪那样同时一起作径向自动定心移动。四个卡爪的背面都有半圆弧形螺纹与丝杆啮合,每个丝杆的顶端都有方孔,用来与卡盘扳手的方榫相配合,转动卡盘扳手,便可通过丝杆带动卡爪单独在卡盘的导轨槽中径向移动,以适应所夹持工件大小的需要,通过四个卡爪的相互作用,可将工件装夹在卡盘中。与三爪自定心卡盘一样,卡盘背面有定位止口,与连接法兰盘连接,并与主轴结合成一体。

四爪单动卡盘的优点是夹紧力大、装夹工件牢固,它可以装夹外形复杂而三爪自定心卡盘无法装夹的工件,可以使工件的轴线实行位移,使之与车床主轴轴线重合或偏离,其缺点是装夹、找正较麻烦,对操作工人的技术水平要求较高。

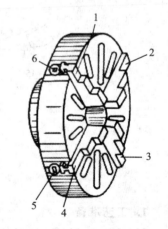

1、2、3、4—卡爪；5、6—带方孔丝杆

图 2-18　四爪单动卡盘

2.6.2　找正的意义

所谓找正工件,就是把被加工的工件装夹在单动卡盘上,使工件的轴线与车床主轴的旋转中心取得一致的过程。在四爪单动卡盘上装夹工件时,找正工件十分重要,如果找正不好就进行车削,会产生下列几种弊端:

(1) 车削时工件单面切削,导致车床产生振动,影响加工精度,断续切削还会加快刀具磨损速度。

(2) 加工余量少的工件,很可能因为没有找正工件,使部分表面没有车圆而报废。

(3) 加工余量相同时，会增加车削进给次数，浪费有效时间。
(4) 调头接刀车削的工件，会产生同轴度误差影响工件质量。

2.6.3 工件装夹找正的方法和步骤

(1) 根据工件夹持部分的尺寸，利用金属直尺和卡盘端面上的圆弧标注相互配合，调整卡爪使相对两爪之间的距离略大于工件的直径，并使各卡爪至中心的距离基本相同。

(2) 工件装夹找正时，将主轴调至空挡位置，左手握卡盘扳手，右手握住工件，工件的夹持部分不宜太长，一般为 10~15 mm，初步对应夹紧工件。

(3) 找正工件。

① 盘类工件的找正。盘类工件应先划正端面，再划正外圆。划正端面时，应使划针靠近工件端面边缘处，用手缓慢地转动卡盘，观察划针与工件之间的间隙是否均匀，找出端面上离划针最近位置，然后用铜棒轻轻敲击此处，如图 2-19 所示。敲击量应是间隙差值，如此反复调整直到工件旋转一圈，划针尖与端面间隙均匀为止。然后再找正工件，将划线盘放置在床身导轨上，先使划针靠近工件外圆表面，并配合照明灯光，用手转动卡盘，观察工件与划针之间间隙的大小，调整相应的卡爪位置，其调整量为间隙的一半。处于间隙小的位置的卡爪要向靠近圆心方向调整卡爪(即紧卡爪)，对间隙大的位置的卡爪则向远离圆心方向调整(即松卡爪)，如以内孔为基准时则相反，如此反复调整。当工件旋转一周，外圆表面与划针之间的间隙均匀时，校正完毕。

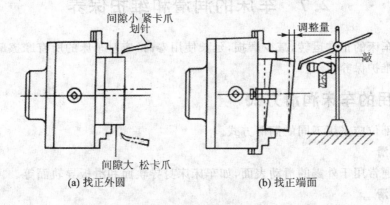

(a) 找正外圆　　　(b) 找正端面

图 2-19　找正盘类工件

② 轴类工件的找正，初步找正工件。以靠近卡爪处 A 点为划正基准(见图 2-20)找正此处。然后，移动划线盘至工件的另一端 B 点，用手转动卡盘，观察工件与划针之间的间隙大小，找出间隙最小的高点，用铜锤或铜棒轻轻敲击，敲击量是间隙的一半。如此反复调整，直到工件旋转一周，划针与 A、B 两点的间隙分别均匀为止。

注意事项
- 找正工件时应在导轨面上垫防护木板，以防工件跌落砸坏导轨面，大型工件还应用尾座回转顶尖通过辅助工件顶持工件，防止工件在校正时掉下，发生事故。
- 找正工件时，不能同时松开相邻的两组卡爪，否则工件会掉下来。
- 找正时，灯光、针尖与视线角度要配合好，否则会增大目测误差。

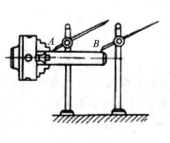 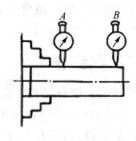 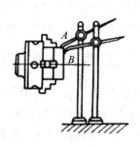

(a) 用划线盘找正　　　　　(b) 用百分表找正　　　　(c) 盘类工件端面、外圆找正

图 2-20　轴类工件的找正

- 在找正近卡爪处 A 的外圆时,若发现有极小的径向圆跳动,不要盲目地松开卡爪,可将离旋转中心较远的那个卡爪再夹紧一些来做微小的调整。
- 轴类工件的远卡爪处 B 点,盘类工件的端面未敲击正时,请不要把卡爪夹紧,并且使四个卡爪的夹紧力基本一致,否则难以敲击正工件或敲击时工件向夹紧力方向较小的方向偏移。
- 加工过的表面为防止被夹伤,装夹时应垫铜皮。
- 工件找正后,四爪的夹紧力要基本一致,否则车削时工件容易松动。

2.7　车床的润滑和维护保养

为了保证车床的正常运转,减少磨损,延长使用寿命,应对车床的所有摩擦部位进行润滑,并注意日常的维护保养。

2.7.1　常用的车床润滑方式

车床不同部位应采用不同的润滑方式。

1. 浇油润滑

浇油润滑通常用于外露的滑动表面,如车床床身导轨面和滑板导轨面等。

2. 溅油润滑

溅油润滑通常用于密闭的箱体中。如车床的主轴面,它利用箱中齿轮的转动将箱内下方的润滑油溅射到箱体上部的油槽中,然后经槽内油孔流送到各润滑点进行润滑。

3. 油绳导油润滑

油绳导油润滑常用于车床给进箱和溜板箱的油池中,它利用毛线既易吸油又易渗油的特性,通过毛线把油引入润滑点,间断地滴油润滑,如图 2-21 所示。

4. 弹子油杯注油润滑

弹子油杯注油润滑通常用于尾座、中滑板摇手柄和丝杠、光杠、操纵杆支架的轴承处。注油时,用油枪端头油嘴压下油杯上的弹子,注入润滑油,如图 2-22 所示。撤去油嘴,弹子回复原位,封住油杯的注油口,以防尘屑入内。

5. 黄油杯润滑

黄油杯常用于交换齿轮箱挂轮架的中间轴或不便经常润滑的地方。在黄油杯中事先装满钙基润滑脂,需要润滑时,拧进油杯盖,将杯中的油脂挤压到润滑点(如轴承套)中去,如图 2-23 所示。使用油脂润滑比加注机油方便,且存油期长,不需要每天加油。

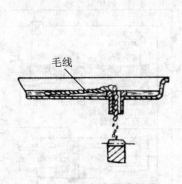

图 2-21 油线导油润滑

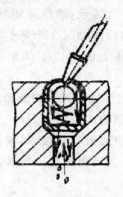

图 2-22 弹子油杯注油润滑

6. 油泵输油润滑

油泵输油润滑常用于转速高、需要大量润滑油连续强制润滑的场合。如车床主轴箱内许多润滑点就采用这种方式润滑,如图 2-24 所示。

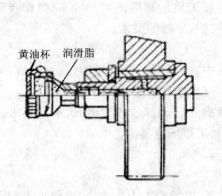

图 2-23 黄油杯润滑

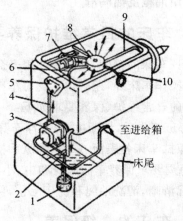

1—网式滤油器;2—回油管;3—油泵;
4、6、7、9、10—油管;5—过滤器;8—分油器

图 2-24 主轴箱油泵循环润滑

2.7.2 CA6140 型车床的润滑方式

1. 车床润滑系统

图 2-25 中标出各润滑点的位置示意,润滑部位的要求用数字标注,其含义是:

②——该润滑部位是用 2 号钙基润滑脂进行润滑。

㉚——该润滑部位是用 30 号机油润滑。

$\frac{30}{7}$——分子数字表示润滑油类别(30 号机油);分母数字表示两班制工作时换(添)油的间隔天数(示例为 7 天)。

换油时,应先将废油放尽,然后用煤油把箱体内部冲洗干净,再注入新机油。注油时应用滤网过滤,且油面应不低于油标的中线。

2. 润滑要求

(1) 主轴箱内零件,轴承:油泵循环润滑;齿轮:飞溅润滑。箱内润滑油每3个月更换一次。车床运转时,箱体上油标应不间断有油输出。

(2) 给进箱内齿轮和轴承飞溅润滑和油绳导油润滑。每班向储油池加油一次。

(3) 交换齿轮箱中间齿轮轴轴承,黄油杯润滑,每班一次。每7天向黄油杯加钙基润滑脂一次。

(4) 尾座和中、小滑板手柄以及光杠、丝杠、刀架转动部位弹子油杯注油润滑,每班一次。

(5) 床身导轨、滑板导轨每班工作前、后擦拭干净并用油枪浇油润滑。

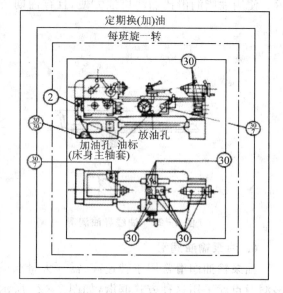

图 2-25 CA6140 型车床润滑系统

2.7.3 车床的日常维护保养要求

为保证车床的精度,延长其使用寿命,保证工件的加工质量和提高生产效率,操作者除了能熟练地操作车床外,还必须了解对车床进行合理的维护、保养的要求。

车床的日常维护、保养要求如下:

① 每班工作后,切断电源,擦净车床导轨面(包括中、小滑板),要求无油污、无铁屑,并浇油润滑;擦拭车床各表面、罩壳、操纵手柄和操纵杆等,使车床外表清洁和场地整齐。

② 每周要求保养车床床身和中、小滑板等各导轨面及转动部位的清洁、润滑。要求油眼畅通,油标清晰,清洗油绳和护床毛毡,保持车床外表和工作场地整洁。

2.7.4 车床的一级保养

车床运行 500 h 后,需进行一级保养。一级保养工作以操作工人为主,在维修工人配合下进行。保养时,必须先切断电源,以确保安全,然后按以下内容和顺序进行。

1. 主轴箱部分

(1) 拆下滤油器进行清洗,使其无杂物,然后复装。

(2) 检查主轴,其锁紧螺母应无松动现象,紧定螺钉应拧紧。

(3) 调整制动器及离合器摩擦片的间隙。

2. 交换齿轮箱部分

(1) 拆下齿轮、轴套、扇形板等进行清洗,然后复装,在黄油杯中注入新油脂。

(2) 调整齿轮啮合间隙。

(3) 检查轴套,应无晃动现象。

3. 刀架和滑板部分

(1) 拆下方刀架清洗。

(2) 拆下中、小滑板的丝杠、螺母、镶条,进行清洗。
(3) 拆下床鞍防尘油毛毡,进行清洗、加油和复装。
(4) 中滑板的丝杠、螺母、镶条、导轨加油后复装,调整镶条间隙和丝杠螺母间隙。
(5) 小滑板丝杠、螺母、镶条、导轨加油后复装,调整镶条间隙和丝杠螺母间隙。
(6) 擦净方刀架底面,涂油、复装、压紧。

4. 尾座部分
(1) 拆下尾座套筒和压紧块,进行清洗、涂油。
(2) 拆下尾座丝杠、螺母,进行清洗、加油。
(3) 清洗尾座并加油。
(4) 复装尾座部分并调整。

5. 润滑系统
(1) 清洗冷却泵、滤油器和盛液盘。
(2) 检查并保证油路畅通,油孔、油绳、油毡应清洁无铁屑。
(3) 检查润滑油,油质应保持良好,油杯应齐全,油标应清晰。

6. 电气部分
(1) 清扫电动机、电气箱上的尘屑。
(2) 电气装置固定整齐。

7. 车床外表
(1) 清洗车床外表面及各罩盖,保持其清洁、无锈蚀、无油污。
(2) 清洗丝杠、光杠和操纵杆。
(3) 检查并补齐各螺钉、手柄、手柄球。

8. 清理机床附件
中心架、跟刀架、配换齿轮、卡盘等应齐全、清洁,摆放整齐。保养工作完成时,应对各部件进行必要的润滑。

> 注意事项

- 进行一级保养工作,事先应充分做好准备工作,如准备好拆装工具、清洗装置、润滑材料、放置机件的盘子和必要的备件等;保养应有条不紊地进行,拆下的机件应成组安放,不允许乱置乱放,做到文明操作。

课题三 车外圆、平面、台阶和钻中心孔

> **教学要求**
> 1. 掌握外圆、端面、台阶的车削方法
> 2. 掌握用顶尖装夹车削方法
> 3. 正确使用量具检测尺寸精度
> 4. 掌握试切、试测的方法车外圆
> 5. 遵守操作规程,养成良好的安全、文明生产习惯

3.1 手动进给车外圆和平面

技能目标

◆ 掌握手动进给车削的站位和操作姿势。
◆ 掌握车刀的安装及刻度盘的计算和应用。
◆ 能用床鞍、中滑板、小滑板手动进给,均匀移动刀具,按图样要求车削工件。
◆ 正确用卡钳与直尺相配合测量外圆,用直尺测量并检查台阶的长度和端面的凹或凸。
◆ 掌握试切、试测的方法车外圆。
◆ 遵守操作规程,养成良好的安全、文明生产习惯。

3.1.1 相关工艺知识

1. 高速钢车刀材料的特点

高速钢是含钨、钼、铬、钒等合金元素较多的工具钢,普通高速钢热处理后硬度为62～66HRC,抗弯强度 σ 约 3 430 MPa,可耐 600℃左右的高温。高速钢刀具制造简单,刃磨方便,容易磨得锋利,而且韧性较好,能承受较大的冲击力。因此常用于承受冲击力较大场合,但它的耐热性较差,因此不能用于高速切削。

2. 正确、合理安装车刀

将刃磨好的车刀装夹在方刀架上,车刀安装的正确与否,直接影响车削能否顺利进行和工件的加工质量,在装夹车刀时必须注意下列事项:

(1) 车刀装夹在刀架上的伸出部分应尽量短,以增强其刚性。伸出的长度约为厚度(刀柄)的1～1.5倍。车刀下面垫片的数量尽可能少,并与刀架边缘对齐,且至少用两个螺钉平整压紧,以防振动,如图3-1所示。

(2) 车刀刀尖必须与工件中心等高(见图3-2(b))。车刀刀尖高于工件中心(见图3-2(a)),会使车刀的实际后角减小,车刀后面与工件之间的摩擦增大;车刀刀尖低于工件中心(见图3-2(c)),会使车刀的实际前角减小,切削阻力增大。刀尖不对准中心,在车端面时,使车刀无法车至工件的中心;高于中心时,会崩碎刀尖(见图3-2(d));低于中心时,会留有凸头(见图3-2(e))。为使车刀刀尖对准工件中心,通常用下列几种方法:

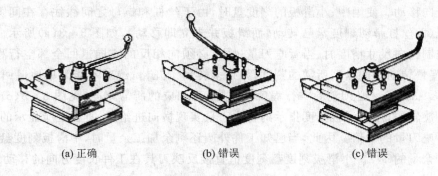

(a) 正确　　　　　　　(b) 错误　　　　　　　(c) 错误

图 3-1　车刀的装夹

① 根据车床的主轴中心高,用金属直尺测量装刀。例如 CA6140 型车床中心高为 205 mm。

② 根据机床尾座顶尖的高低装刀。

③ 将车刀靠近工件端面,目测估计车刀的高低,试车端面,再根据端面的中心来调整车刀。

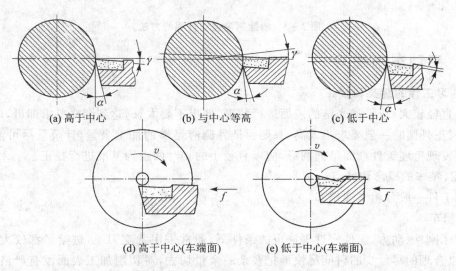

(a) 高于中心　　　　　(b) 与中心等高　　　　(c) 低于中心

(d) 高于中心(车端面)　　　　(e) 低于中心(车端面)

图 3-2　车刀不对准中心的情形

3. 刻度盘的计算和应用

车削时,为了准确迅速地控制被加工工件的轴向、径向尺寸,通常用床鞍、中滑板、小滑板上的刻度盘来做进给参考依据。

床鞍纵向进给刻度盘是用来控制台阶长度的。CA6140 型车床床鞍进给刻度盘一格等于 1 mm,一周为 300 mm,实际操作时可根据台阶长度计算出床鞍进给时刻度盘手柄应转动的格数,进行粗加工。

中滑板的刻度盘装在横向进给丝杠端头上,当摇动横向进给丝杠转一周时,刻度盘也随之同步转一周,这时固定在中滑板上的螺母就带动中滑板、刀架、车刀一起移动一个螺距。CA6140 型车床的中滑板丝杠螺距为 5 mm,刻度盘分为 100 格,当手柄摇转一周时,中滑板就移动 5 mm,当刻度盘转过 1 格时,中滑板移动量为 5 mm/100＝0.05 mm。

小滑板刻度盘的刻线原理与中滑板的刻度盘刻线原理相同,可以用来较精确地控制车刀短距离的纵向移动。使用中、小滑板的刻度盘时,由于丝杠和螺母之间往往存在间隙,滑板会产生空行程(即丝杠带动刻度盘已转动,而滑板并未立即移动),如图3-3(a)所示。所以,使用刻度盘控制径向尺寸精度时,当背吃刀量过大,必须向相反的方向退回全部空行程、消除间隙,然后再慢慢转动刻度盘到所需的刻度,如果多转动了几格,绝对不能简单地退回到所需的刻度(见图3-3(b))。必须消除空行程后,再进给至相应的所需刻度(见图3-3(c))。注意:由于工件是旋转的,用中滑板刻度指示的背吃刀量实现横向进给后,直径上所显示的被切除的金属层是背吃刀量的2倍。因此,当已知工件外圆还剩余加工余量时,中滑板刻度盘所转过的格数应是剩余量的1/2。小滑板刻度盘刻度值直接反映刀具在工件长度方向的移动量。

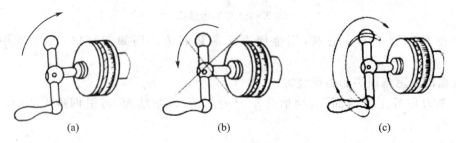

图3-3 消除刻度盘空行程的方法

3.1.2 手动车削练习

1. 练习工件的装夹和找正

选择直径较大,较平整光洁的表面进行装夹,伸出不要太长,达到图样要求即可,以保证装夹牢靠;找正外圆时一般要求不太高,只要保证外圆有足够的加工余量,且余量尽可能均匀即可。如果发现毛坯工件截面呈椭圆形,应以直径小的相对两点为基准进行找正。

2. 粗、精车的概念和特点

车削工件一般分粗车和精车。

(1) 粗车

在车床刚性、动力、工件刚性等许可的条件下,通常采用背吃刀量、进给量都较大,切削速度较小,以合理的尽量少的时间尽快地把多余的余量切去,对切削加工表面没有严格的要求,只留有一定的精加工余量即可。由于背吃刀量、进给量都较大,所以产生的切削力也较大,工件装夹必须牢固、可靠。粗车的另一作用是,可以及时发现毛坯材料内部的缺陷,如裂纹、夹渣、气孔、砂眼等,也能消除毛坯工件内部的残存应力和防止热变形等。

(2) 精车

精车是使被加工工件达到图样所要求的尺寸、形位精度和表面粗糙度的精加工过程,是车削的末道工序。通常把车刀修磨得锋利一些,用硬质合金车刀高速小进给或高速钢平头车刀低速大进给的方法来车削。

3. 用手动进给车削平面、外圆

因为选用的刀具材料是高速钢车刀,所以切削速度不易选得过高,以防车削时因切削热而使刀具退火降低其寿命,具体方法是以切屑不发蓝为合理。

(1) 车平面

开动机床使工件旋转,移动小滑板或床鞍控制背吃刀量,然后锁紧床鞍,如图3-4所示。

选用45°车刀车端面,摇动中滑板手柄横向进给,由工件外缘向中心,如图3-4(a)所示,也可由中心向外缘车削,若选用90°外圆车刀来削平面,应采用中心向外缘车削,如图3-4(b)所示。

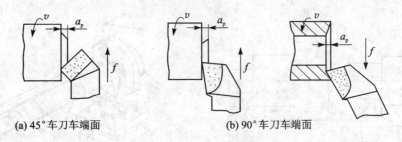

图3-4 横向进给量车端面

(2) 车外圆

移动床鞍至工件右端,用中滑板控制车刀,在旋转的工件外圆表面对刀,床鞍纵向退出,用中滑板手轮、刻度盘控制相应的背吃刀量,手动进给车削外圆长2~3 mm,纵向快速退出车刀(横向不动),然后停机,用外卡钳和金属直尺配合测量,如图3-5所示。如尺寸已符合要求,就可切削,否则可按此方法继续进行车削,此方法为试切削和试测量。

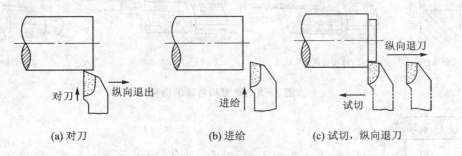

图3-5 试切削外圆

(3) 车台阶

车台阶时,不仅要车削外圆,还要车削相应的环形端面,车削时既要保证外圆及台阶的尺寸精度,又要保证台阶平面与工件轴线垂直度的要求。

车台阶时,通常选用90°外圆偏刀。刀具安装时,为确保台阶端面和轴线的垂直度要求,应取主偏角大于90°,一般93°左右。

车台阶时,一般分粗车、精车。粗车时的台阶长度除第一挡(即端头的)台阶长度略短外(留精车余量),其余各挡车至要求的长度。精车时,应控制好工件台阶的长度,用横向手动进给由里向外或由外向里慢慢转动中滑板手轮精车,以确保台阶端面对轴线的垂直度,如图3-6所示。

(4) 台阶长度的控制

准确掌握台阶长度的关键是按图样选择正确的测量基准。若基准选择不当,将造成积累误差(尤其是台阶较多时)而产生废品,通常有刻线法、用床鞍手轮刻度盘法或两者相互配合法。刻线法是指先用金属直尺或卷尺量出台阶长度尺寸,用车刀刀尖在台阶的所在位置处车出细线,然后再车削,如图3-7所示。

(5) 端面和台阶测量

一般用金属直尺、刀口形直尺来检测端面的平面度,如图 3-8(a)所示;台阶的长度和垂直度误差可以用金属直尺、深度游标卡尺和样板测量,如图 3-8(b)、(c)、(d)所示。

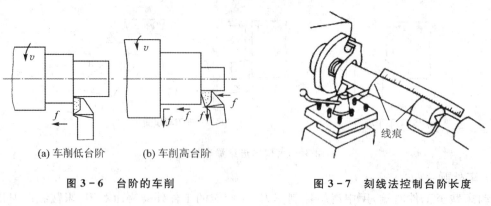

(a) 车削低台阶　　(b) 车削高台阶

图 3-6　台阶的车削　　　　　图 3-7　刻线法控制台阶长度

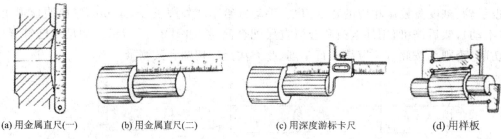

(a) 用金属直尺(一)　(b) 用金属直尺(二)　(c) 用深度游标卡尺　(d) 用样板

图 3-8　端面和台阶的测量

注意事项

- 工件车端面时中心留有凸头或者车不到中心处,原因是刀尖没有对准工件的回转中心,车刀装得过低或过高。
- 端面凸凹不平的原因及预防方法:

① 用右偏刀从外面中心进给时,床鞍没固定,车削时因切削力的作用而使车刀扎入工件产生凹面。车削时,应旋紧床鞍的固定螺钉。

② 车刀不锋利,小滑板太松或刀架未压紧,使车刀受切削抗力的作用"让刀"而产生凸面。车削时,应保持车刀锋利,中、小滑板的镶条不应太松,车刀刀架应压紧。

③ 台阶不垂直:较低的台阶是由于车刀装得歪斜,使主切削刃与工件轴线不垂直。

④ 较高的台阶不垂直的原因与端面凹凸的原因一样。

⑤ 车外圆产生锥度:

a. 用小滑板车削外圆时,小滑板导轨与主轴轴线不平行。

b. 刀具中途磨损。

c. 车床床身导轨跟主轴轴线不平行。

d. 工件装夹时悬伸较长,车削时因切削力影响使前端让刀而产生锥度。

⑥ 手动进给量均匀。

⑦ 变换转速时应停机,绝对不能在开机时进行,否则容易打坏主轴箱内的齿轮。

⑧ 车削时,应先起动机床后进给;切削完毕后,先退刀后停机,否则容易崩刀。
⑨ 用手动进给时,应把有关的手柄放在空挡位置。
⑩ 车削前应检查工件装夹是否牢靠,卡盘扳手是否取下,各手柄位置是否正确,精力要集中。

3.1.3 技能训练

参考图 3-9 进行技能训练。

1. 工艺准备

(1) 材料　HT150 棒料,ϕ85mm×100mm。
(2) 刀具　45°、90°高速钢外圆车刀。
(3) 量具　金属直尺、外卡钳、划线盘等。

2. 操作过程

(1) 检查毛坯尺寸。
(2) 装夹一端外圆,伸出长度 65 mm 左右,用划线盘找正。
(3) 粗、精车端面。
(4) 粗、精车"D"面,并保证长度为 60 mm,倒角 C1。
(5) 调头、垫铜皮装夹"D"处,伸出长度约 60 mm 左右,并用划线盘找正。
(6) 粗、精车端面,保证总长尺寸 L。
(7) 以端面为长度方向基准,控制长度为 45 mm,车削 d 至尺寸要求、倒角 C1。

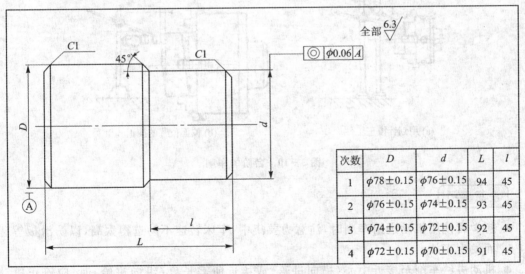

次数	D	d	L	l
1	$\phi78\pm0.15$	$\phi76\pm0.15$	94	45
2	$\phi76\pm0.15$	$\phi74\pm0.15$	93	45
3	$\phi74\pm0.15$	$\phi72\pm0.15$	92	45
4	$\phi72\pm0.15$	$\phi70\pm0.15$	91	45

图 3-9　车外圆、端面

3.2　自动进给车外圆和端面

技能目标

◆ 进一步熟练掌握车床各手柄的作用、调整、变换方法。
◆ 进一步练习三爪自定心卡盘、四爪单动卡盘装夹工件并与划线盘配台找正工件,达到一定的要求。
- ◆ 熟练掌握机动进给车外圆和端面的操作方法。
- ◆ 练习用外卡钳在实物上量取尺寸,对比测量工件外圆。
- ◆ 练习控制工件总长及平行度的方法。

3.2.1 相关工艺知识

机动进给与手动进给相比,有很多的优点,如操作者省力、进给均匀、加工后工件的表面粗糙度小、质量高等。但机动进给是机械传动,操作者对车床手柄位置必须相当熟悉。否则,在紧急情况下容易损坏机床、车废工件,初学者应特别注意。

使用机动进给车削工件的过程是:装夹、找正并夹紧工件→起动车床带动工件旋转→试切削→机动进给→纵向车外圆(横向车平面)→车至接近需要长度时停止进给(或车至近工件中心时停止进给)→改自动进给为手动进给车至长度要求的尺寸(工件中心)→退刀→停机→检测。工件来料长度余量较少或一次装夹无法完成切削的工件,通常采用调头装夹并找正来控制工件两端面的平行度。找正必须从严要求,否则会造成工件两端面平行度误差而影响加工质量。工件调头找正,如图 3-10 所示。

外卡钳在实物上量取尺寸对比测量工件的目的是为了提高使用卡钳的测量技能。这种测量方法是:先从尺寸符合要求的实物上量取尺寸,然后与被加工的工件外圆作对比测量。这种测量方法比在金属直尺上取尺寸测量工件要精确得多,一般能测出 0.02 mm 左右的尺寸变化。

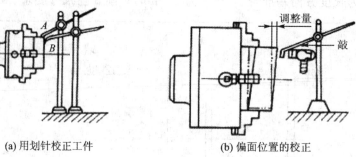

(a) 用划针校正工件　　　(b) 偏面位置的校正

图 3-10　台阶的车削

注意事项

- 初学者使用机动进给车削时,注意力要集中,车床转速不易选得太高,以防滑板等碰撞而发生事故。
- 机动进给车削至接近中心(横向进给)或接近所需长度(纵向进给)时,应停止机动进给,并改用手动进给车至工件中心或长度尺寸,然后退刀、停机、检测。
- 粗车切削力较大,工件易发生移位,在精车前应进行一次复查,以确保两端面的平行度。
- 车较大直径工件的端面时,平面易产生凹凸现象,应随时用金属直尺检查。
- 为了保证工件质量,表面粗糙度不因调头装夹而被夹伤,调头装夹时需要垫铜皮。
- 用卡钳在实物上量取尺寸与工件作对比测量时,应反复测量,感觉松紧程度的差异。

3.2.2 技能训练

参考图3-10进行技能训练。

1. 工艺准备

(1) 刀具　90°、45°高速钢车刀。

(2) 量具　金属直尺、外卡钳。

(3) 材料　图3-9所示的手动进给车外圆和端面所用的练习件。

(4) 工具　划线盘、0.2 mm厚铜皮(200 mm×20 mm)等常用的工具。

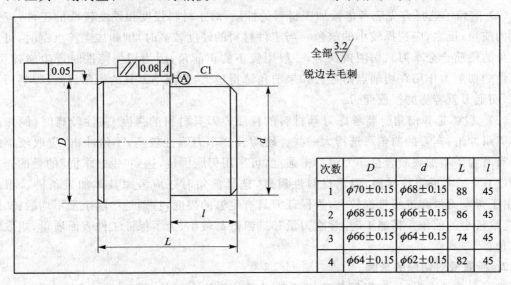

次数	D	d	L	l
1	$\phi70\pm0.15$	$\phi68\pm0.15$	88	45
2	$\phi68\pm0.15$	$\phi66\pm0.15$	86	45
3	$\phi66\pm0.15$	$\phi64\pm0.15$	74	45
4	$\phi64\pm0.15$	$\phi62\pm0.15$	82	45

图3-11　机动进给车外圆和端面

2. 操作过程

(1) 检查毛坯(原料)尺寸。

(2) 装夹直径 d 处,伸出相应长度,用划线盘找正并夹紧工件。

(3) 粗、精车端面(注意工件总长和台阶位置)。粗、精车 D 处,达到图样技术要求,并倒角 $C1$。

(4) 调头、垫铜皮装夹 D 处,伸出相应长度,用划线盘找正(注意图样台阶平行度要求)。

(5) 粗、精车端面,定总长,并保证端面表面粗糙度值小于 $Ra3.2~\mu m$。

(6) 粗、精车 d 处,长度方向以端面为基准,控制 L 长度为 45 mm。保证 d 处的尺寸精度和表面粗糙度及台阶平行度要求。

(7) 去毛刺,倒角 $C1$。

(8) 检测。

3.3　外圆车刀前角和断屑槽的刃磨

技能目标

◆ 了解前角和断屑槽的作用。

◆ 了解前角和断屑槽的选择。
◆ 掌握前角和断屑槽的刃磨方法。

3.3.1 工艺知识

刃磨前角的目的是为了使切削刃锋利,切削省力,减小刀具前面与切屑的摩擦,降低因摩擦所产生的切削热,同时也降低切削的变形,而断屑槽的作用是使切屑本身产生内应力,强迫切屑卷曲变形而折断。

1. 前角的选择

(1) 前角的选择首先应考虑被加工材料的性质,对于材料强度和硬度较低的工件,应选择较大的前角;反之,应选择较小的前角。当工件材料的硬度较高时,例如加工淬火钢时,可采用负前角的硬质合金车刀。切削铸铁时,一般用较小的正前角,因为切削铸铁时产生崩碎切屑,冲击性的切削力作用在切削点附近。如果前角选得过大,会减小刀具的楔角、降低刀具刃口的强度,切削刃就容易磨损或崩刃。

(2) 其次,选择前角时要考虑刀具材料的性质。刀具材料的强度、韧性较高时,例如高速钢车刀耐冲击,车刀的前角可选得大一些。硬质合金车刀脆性较高,不耐冲击,应取较小的前角。有时为了增加硬质合金车刀耐冲击强度,可采用刃磨倒棱,达到"锐中求固"的目的。

(3) 除了考虑工件材料、刀具材料性质外,选择前角时还应考虑具体加工条件。粗加工时,由于背吃刀量和进给量都较大,为保证刀具有足够的强度,特别是车削余量不均的铸、锻件时,应取较小的前角。精加工时,背吃刀量和进给量都较小,为了保证工件表面质量,应取较大的前角。

2. 断屑槽对切削的影响

在车削塑性金属时,如果切屑连绵不断成带状缠绕在工件或车刀上,不仅会影响正常车削,而且易损坏车刀,易拉毛已加工表面,还容易产生事故。所以解决好断屑是车削塑性金属的一个突出问题,必须根据切削用量、工件材料和切削要求,在前刀面上磨出尺寸、形状不同的断屑槽,使切屑经过断屑槽,卷曲产生内应力而强迫其变形、折断。

3. 断屑槽的种类

常见的断屑槽的种类有圆弧形(见图 3-12(a))和直线形(见图 3-12(b))两种。圆弧形断屑槽一般前角较大,适宜于车较软的塑性材料;直线形断屑槽一般前角较小,适宜于车较硬的材料和粗加工。

断屑槽的宽、窄不仅与材料性质有关,而且与进给量和背吃刀量的大小亦有关系。

(1) 断屑槽过宽一般会造成切屑变形小,排屑顺利,流动自由,不受断屑槽的控制,因而不能折断切屑。只有再加大进给量,才有可能达到断屑的效果。

(2) 断屑槽过窄一般会造成切屑变形大,排屑不顺利,挤在断屑槽里相互撞击,虽然能折断切屑、断屑效果良好,但容易划伤工件的已加工表面,且切屑飞溅,不利于操作者工作。只有减小进给量,才有可能达到正常的断屑效果。

刃磨断屑槽是刃磨车刀时最难掌握的基本操作技能之一。需注意以下几点:

① 磨断屑槽的砂轮交角处应经常保持尖锐,且有很小的圆角。当砂轮上出现较大的圆角时,应及时用金钢笔或砂轮修整器修整。

② 刃磨时刀应向上或向下,车刀前面与砂轮构成了一个前角,刃磨时的起点位置应离开

刀尖,并与主切削刃有一定的距离,不能一开始就直接刃磨到刀尖和主切削刃上,使刀尖和主切削刃易磨坏。一般起始位置与刀尖的距离等于断屑槽长度的 1/2 左右,离主切削刃 2~3 mm,以 90°方法外圆车刀为例(见图 3-13),左手大拇指和食指握刀头上部,右手握刀杆下部,车刀前面接触砂轮的左侧,并沿刀杆方向上下缓慢移动进行刃磨。

③ 刃磨时,用力不能过大,中途应反复检查断屑槽的位置、形状及前角的大小等。

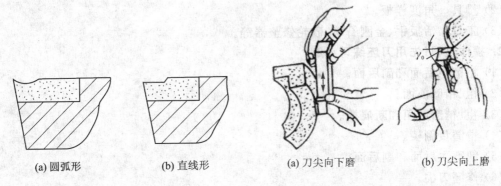

(a) 圆弧形　　　(b) 直线形　　　(a) 刀尖向下磨　　　(b) 刀尖向上磨

图 3-12　断屑槽种类　　　图 3-13　断屑槽的刃磨

5. 磨负倒棱

负倒棱刃磨有直磨法和横磨法两种方法,如图 3-14 所示。刃磨时用力要轻,要使主切削刃的后端向刀尖方向摆动,负倒棱前角为 $-10°\sim-5°$,其宽度 b 为进给量 f 的 $0.5\sim0.8$ 倍,即 $b=(0.5\sim0.8)f$。为保证切削刃的质量,最好采用直磨法。

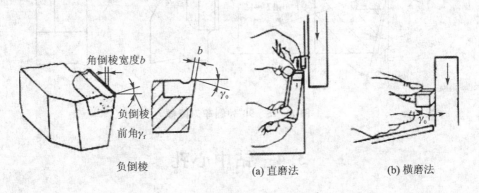

负倒棱　　　(a) 直磨法　　　(b) 横磨法

图 3-14　负倒棱及负倒棱刃磨

6. 磨过渡刃

过渡刃有直线形和圆弧形两种,其刃磨方法与精磨后面基本相同。刃磨车削较硬材料时,也可以在过渡刃上磨出负倒棱。

> **注意事项**
>
> - 刃磨时,宜先用刀坯练习。
> - 断屑槽的宽度、深度要磨均匀,防止将沟槽磨斜、磨得或过深或过浅。
> - 要防止将刀尖、主切削刃磨坏。
> - 负倒棱前角不宜磨得太小,其宽度不宜磨得太宽。

● 必须注意安全。

3.3.2 技能训练

参考图3-15进行技能训练。

1. 工艺准备

（1）材料　刀坯18mm×18mm×180mm，90°车刀。

（2）量具　角度样板。

（3）工具　活扳手、金刚石笔、砂轮修整器等。

2. 操作过程（先用刀坯练习刃磨）

（1）粗磨主后面和副后面。

（2）粗、精磨前面。

（3）粗、精磨前角和断屑槽。

（4）精磨负倒棱。

（5）精磨主后面和副后面。

（6）修磨刀尖。

（7）用磨石研磨。

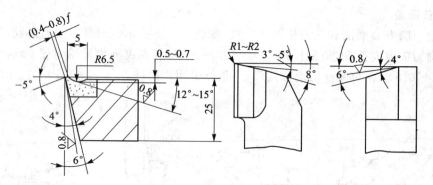

图3-15　90°外圆车刀图样

3.4　钻中心孔

技能目标

◆ 了解中心孔的种类及其作用。

◆ 了解尾座的构造并掌握找正尾座中心的方法。

◆ 掌握中心钻的装夹及其钻削方法。

◆ 懂得中心钻的折断原因和预防方法。

◆ 懂得切削液的使用。

3.4.1　相关工艺过程

需要多次装夹才能完成车削工作的轴类工件，如齿轴、台阶轴、丝杠等，为了保证其精度，便于切削加工，一般先在工件两端钻中心孔采用一夹一顶或两顶尖装夹。

1. 中心孔的种类及作用

按 GB/T 145—2001 规定，常用的中心孔可分 A 型、B 型、C 型、R 型四种中心孔，A 型、B 型为常用的中心孔，C 型为特殊中心孔，R 型为带圆弧形中心孔，如图 3-16 所示。

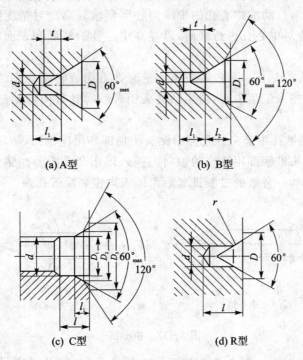

(a) A型　　(b) B型

(c) C型　　(d) R型

图 3-16 中心孔的形式

(1) A 型（不带护锥）中心孔

由圆柱部分和圆锥部分组成，圆锥孔为 60°，与顶尖锥面配合，要求有较高的表面质量和形状精度，一般用于不需多次装夹或不保留中心孔的零件。

(2) B 型（带护锥）中心孔

在 A 型中心孔的基础上，端部多一个 120°的圆锥孔，目的是保护 60°锥孔，不让其敲毛、碰伤，一般适用于工序较多、精度要求较高、多次装夹的零件。

(3) C 型（带螺纹孔）中心孔

在 B 型中心孔的基础上，里端有一个比圆柱孔还要小的内螺纹，它可以将其他零件轴向固定在轴上或将零件吊挂放置时使用。

(4) R 型中心孔

将 A 型中心孔的圆锥母线改为圆弧线，以减少中心孔与顶尖的接触面积，变面接触为线接触，在装夹工件时，能自动纠正少量的位置偏差，提高定位精度。轻型和高精度的轴上采用 R 型中心孔。

这四种中心孔的圆柱部分的作用是储存油脂、保护顶尖，使顶尖与锥孔配合贴切，不使顶尖端与中心孔底部相撞，保证定位正确。圆柱部分的直径，也就是选取中心孔的基本尺寸，平时所称中心孔的大小，即圆柱孔直径。

中心孔通常用中心钻钻出，常用的中心钻有 A 型和 B 型两种，如图 3-17 所示。制造中心钻的材料一般为高速钢。直径在 φ6.3 mm 以下的中心孔常用整体中心钻钻出；直径较大的中心孔,常用钻头、锪钻等配合加工而成;C型中心孔则用钻头、锪钻、丝锥配合完成。

2. 钻中心孔的方法

中心孔是轴类工件的定位基准,对工件的加工质量影响较大。因此,所钻出的中心孔必须圆整、光洁、角度正确,而且两端中心孔的轴线同心度要求较高。对精度要求较高的轴在热处理后和精加工之前均应对中心孔进行修研,以提高中心孔的精度和表面粗糙度。钻中心孔的步骤如下:

(1) 中心钻装在钻夹头上。用钻夹头钥匙逆时针方向旋转钻夹头的外套,使钻夹头的三爪张开,然后把中心钻插入三爪中间,再用钻夹头钥匙顺时针方向转动钻夹头外套,通过三个夹爪将中心钻夹紧。

(2) 钻夹头在尾座锥孔中装夹。先擦净钻夹头柄部和尾座锥孔,然后用左手握钻夹头,沿尾座套轴线方向,将钻头锥柄部用适当的轴向力插入尾座套孔中。如钻夹头柄部与车床尾座锥孔大小不吻合,可增加一合适的过渡锥套后再插入尾座套筒锥孔内。

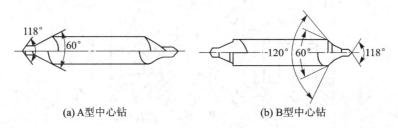

(a) A型中心钻　　(b) B型中心钻

图 3-17　中心钻

(3) 找正尾座中心与装夹在卡盘上的工件。起动车床,移动尾座,使中心钻接近工件端面,观察中心钻钻头轴线是否与工件旋转中心一致。若有偏差,须找正尾座中心使之一致,然后紧固尾座。

(4) 转速的选择和钻削。由于中心孔直径小,钻削时应取较高的转速,进给量应小而均匀,切勿用力过猛,当中心钻钻入工件后,应及时加切削液冷却润滑。钻毕,中心钻在孔中应稍作停留,然后退出,以修光中心孔,提高中心孔的形状精度和表面质量。

> **注意事项**

● 中心钻折断的原因

(1) 工件平面留有小凸头,中心钻钻削时偏斜,受径向力作用,而使中心钻头折断。

(2) 中心钻轴线与工件的旋转中心不一致。

(3) 移动尾座时不小心撞断。

(4) 转速太低,进给量过大。

(5) 没有及时退刀,切屑堵塞而使中心钻折断。

(6) 中心钻磨损,强行钻入。

● 中心孔钻偏或钻得不圆

(1) 工件弯曲未找正,使中心孔与外圆产生偏差。

(2) 紧固力不足,工件移位,造成中心孔不圆。

(3) 工件伸出太长,旋转时在离心力的作用下易造成中心孔不圆。

- 中心孔钻得太深,使得中心孔口出现圆柱台阶孔,顶尖不能与60°锥孔较好接触,影响加工质量。
- 中心钻小圆柱部分因修磨后变短,造成顶尖跟中心孔底部相碰,从而影响工件加工质量。

3.4.2 技能训练

参考图3-18进行技能训练。

1. 工艺准备

(1) 材料　45钢棒料2件,$\phi 40$ mm×180 mm。

(2) 刀具　$\phi 3$ mm A型中心钻、$\phi 2.5$ mm B型中心钻各1件。

(3) 工具　钻夹头等常用工具、卡具、量具。

2. 操作过程

(1) 检查毛坯,并找正夹紧,伸出30 mm。

(2) 平端面,不允许出现小凸头、倒角。

(3) 钻中心孔。

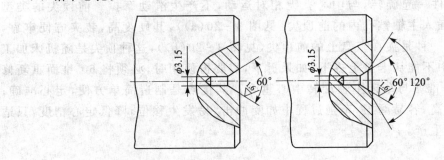

图3-18　钻中心孔

3.5　一夹一顶装夹车轴类零件

技能目标

◆ 了解顶尖的种类、作用及其优缺点。

◆ 掌握一夹一顶装夹工件和车削工件的方法。

◆ 了解一夹一顶车削工件的优缺点。

◆ 掌握尾座的调整方法,解决车削过程中因尾座与主轴偏离产生锥度等问题。

◆ 进一步识读、使用卡尺和外径千分尺来进行轴类工件的半精加工、精加工,并使其满足图样技术要求。

3.5.1　相关工艺过程

在加工轴类工件时,常常会遇到一些粗、大、长、笨重的工件。这时,用一夹的形式是无法进行切削加工的,通常选用一夹一顶的装夹方法,如图3-19所示。它的定位基准是一端外圆表面和另一端的中心孔。为了防止工件轴向窜动,通常在卡盘内装一个轴向限位支承(见图3-19(a))或在工件的装夹一端车出一个相应的长10~20 mm的定位装夹台阶,作轴向限位支承(见图3-19(b))。这种装夹方法比较安全、可靠,能承受较大的轴向切削力,车削时,可选择较大的切削用量,是车削加工中最常用的轴类工件的装夹方法之一。但这种方法也有一些不足之处,对于相互位置精度要求较高的工件,调头车削时找正比较困难。

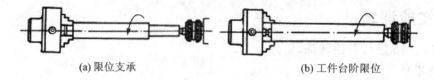

(a) 限位支承　　　　　　　(b) 工件台阶限位

图3-19　一夹一顶安装工件

1. 顶尖的作用

顶尖的作用是定中心,承受工件的重力和切削时所产生的切削力。

2. 顶尖的种类及优缺点

顶尖可分为前顶尖和后顶尖两类。

(1) 前顶尖

前顶尖随同工件一起旋转,与中心孔无相对运动,不产生滑动摩擦。前顶尖的类型分为两种:一种是插入主轴锥孔内的前顶尖(见图3-20(a)),其硬度高,装夹方便牢靠,适宜批量生产。另一种是夹在卡盘上的前顶尖(见图3-20(b)),这种顶尖是随机床加工出来的,使用过程中不能从卡盘上拆下,如果拆下,需要再使用时,必须将60°锥面重新修整,以保证顶尖60°锥面与车床主轴旋转中心重合。其优点是制造简单方便,定心准确;缺点是顶尖硬度不高,容易磨损,车削过程中如受冲击,易发生移位,降低定心精度,只适合于小批量工件的生产。

(2) 后顶尖

插入尾座套筒锥孔中使用的顶尖叫后顶尖,后顶尖又分固定顶尖和回转顶尖两种,如图3-21所示。

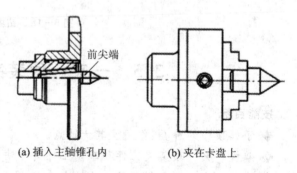

(a) 插入主轴锥孔内　　(b) 夹在卡盘上

图3-20　前顶尖

① 固定顶尖:在切削过程中,使用固定顶尖的优点是定心准确,刚性好,切削时不易产生振动,定心精度高;缺点是与工件中心孔发生滑动摩擦,易磨损,产生的摩擦热常会把中心孔或顶尖烧坏。固定顶尖一般适宜于低速精车,目前固定顶尖大都镶硬质合金顶尖头。这种顶尖顶在高速旋转时不易损坏,但摩擦后产生较高热量的情况仍然存在,会使工件发生热变形。

② 回转顶尖:为了避免后顶尖与工件之间的摩擦,目前大都采用回转顶尖支顶。这种顶尖将固定顶尖与中心孔间的滑动摩擦变成顶尖内部轴承间的滚动摩擦,而顶尖与中心孔间无相对运动。这样既能承受高速,又可消除滑动摩擦产生的较高热量,克服了固定顶尖的缺点,是较理想的顶尖。缺点是定心精度和刚性稍差一些,这是因为回转顶尖存在一定的装配累积误差,且滚动轴承磨损后会使顶尖产生径向圆跳动。

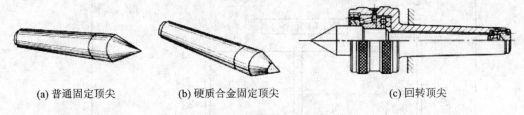

(a) 普通固定顶尖　　　　(b) 硬质合金固定顶尖　　　　(c) 回转顶尖

图 3-21　后顶尖

注意事项

使用一夹一顶装夹工件时须注意以下几点：
- 后顶尖的中心线应与车床的主轴轴线同轴，否则车出的工件会产生锥度。
- 在不影响车刀切削的前提下，尾座套筒应尽量伸出短些，以增加刚度，减少振动。
- 中心孔的形状正确，表面粗糙度要小。装入顶尖前，应清除中心孔内的切屑或异物，顶尖外锥体与尾座套筒内要擦干净，保证其良好的配合。
- 顶尖与中心孔配合的松紧程度必须合适，如顶尖顶得太紧，会使因轴向力增加而使细长轴产生弯曲变形，对于固定顶尖，会增加摩擦，对于回转顶尖，容易损坏顶尖的滚动轴承。如果顶得太松，工件则不能准确定心，对加工精度有一定影响，并且车削时易产生振动，工件产生跳动，外圆变形，甚至会使工件飞出而发生事故。
- 工件装夹台阶不宜过长，一般为 10~20mm，否则会因重复定位而影响工件的加工精度和顶尖的使用寿命。
- 一夹一顶粗加工时，工件最好用轴向限位支承，否则在轴向切削力的作用下，工件容易产生轴向移位，使顶尖与中心孔分离而发生事故。
- 当后顶尖用固定顶尖时，应在中心孔内加入润滑脂，以减少顶尖与中心孔间的摩擦，降低摩擦热。

3.5.2　技能训练

参考图 3-22 进行技能训练。

1. 工艺准备

(1) 材料　45钢，φ40 mm×180 mm 工件，如图 3-22 所示。
(2) 刀具　硬质合金 90°、45°车刀各一把。
(3) 量具　游标卡尺，深度游标卡尺，25~50mm 外径千分尺。
(4) 工具　回转顶尖及常用工具。

2. 操作过程

(1) 检查毛坯。
(2) 用三爪自定心卡盘夹住工件一端外圆，夹持部分长约 10 mm 左右，另一端用后顶尖支顶。为防止切削中工件轴向窜动，通常卡盘内装一个轴向限位支承(见图 3-19(a))，或在许可的情况下，在工件被夹持部位先车削出一个 10~15 mm 长的台阶作为轴向限位支承(见图 3-19(b))。

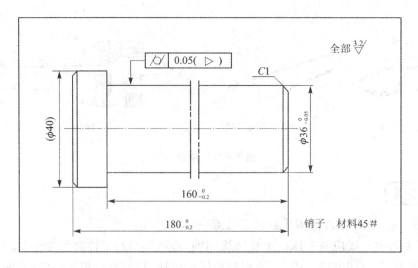

图 3-22 销子

(3) 粗车 $\phi37$ mm 外圆至 $\phi36_{-0.05}^{0}$ mm, 长度 159 mm。

(4) 半精车 $\phi36_{-0.05}^{0}$ mm 外圆, 把产生的锥度找正, 表面粗糙度值达到 $Ra6.3\ \mu m$ 以上, 尺寸至 $\phi36_{+0.2}^{+0.3}$ mm 之间, 长度可车至图样尺寸要求的 $160_{-0.2}^{0}$ mm。

(5) 精车外圆, 达图样尺寸要求 $\phi36_{-0.05}^{0}$ mm。

(6) 倒角 C1。

(7) 检查质量合格后取下工件。

3.6 用两顶尖装夹车轴类零件

实习教学要求

◆ 掌握转动小滑板,车削装夹在卡盘上的前顶尖。
◆ 了解鸡心夹头、对分夹头的使用方法。
◆ 掌握在两顶尖上加工轴类零件的方法。

3.6.1 工艺知识

用一夹一顶的装夹方法车削轴类零件优点虽然很多,但其定心精度较差。对于必须经过多次装夹才能加工好的工件及工序较多、在车削后还需要铣削或磨削的工件,为了保证每次装夹时的装夹精度,可用车床的前、后顶尖(即两顶尖)装夹,其装夹形式如图 3-23 所示。

工件由前顶尖和后顶尖定位,用鸡心夹头或对分夹头夹紧工件一端,拨杆伸向端外,因两顶尖对工件只起定心和支撑作用,必须通过鸡心夹头或对分夹头的拨杆来带动工件旋转。采用两顶尖装夹工件的优点是装夹方便,不需要找正,装夹精度高,但比一夹一顶装夹的刚度低,影响了切削用量的提高。

为了使用方便,常在三爪自动定心卡盘上装夹前顶尖和用三爪自动定心卡盘的卡爪代替拨盘来装夹工件。前顶尖的车削方法是在三爪自定心卡盘上装夹一适当的前顶尖坯料,按逆时针方向转动小滑板 30°并锁紧相应螺母,刀具严格对准工件回转中心,用手动进给的方法摇

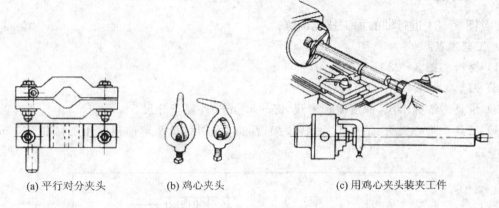

(a) 平行对分夹头　　(b) 鸡心夹头　　(c) 用鸡心夹头装夹工件

图 3-23　两顶尖装夹工件

动小滑板手轮,把前顶尖车准。

> 注意事项

- 切削前,床鞍应左右移动全行程,观察床鞍有无碰撞现象。
- 注意防止鸡心夹头或对分夹头的拨杆因太长与卡盘端面相接触而影响顶尖与中心孔的配合,破坏定心精度。
- 两顶尖与工件中心孔之间的配合必须松紧适当。如果顶尖支顶太松,切削时工件产生轴向窜动和径向圆跳动,工件无法正确定心,车削时就容易引起振动,会造成外圆圆度误差,同轴度受影响等缺陷;如果顶得过紧,会使工件轴向力增大,车细长轴时工件会变形。对于固定顶尖来说,会增加摩擦,产生大量的热而"烧坏"顶尖或中心孔;对于回转顶尖来说,容易损坏顶尖内部的滚动轴承。所以在车削过程中,必须随时注意顶尖及靠近顶尖的工件部分摩擦发热的情况;当发现温度过高时,必须加黄油或全损耗系统用油进行润滑,并适当调整松紧程度。
- 尾座套筒在不影响车刀切削的前提下,尽可能伸出距离短些,以提高刚度和减少振动。
- 中心孔、顶尖应形状正确、光洁,支顶前应清理中心孔,保证中心孔与顶尖良好的接触,若用固顶后顶尖,应在中心孔中加工业润滑脂。
- 鸡心夹头或对分夹头必须牢靠地夹紧工件,以防切削时移动、打滑而损坏车刀。
- 注意安全,防止鸡心夹头或对分夹头勾衣伤人,应及时使用专用切屑勾清除切屑。
- 应该使前后顶尖轴线与主轴轴线同轴,否则车出来的工件会产生圆柱度误差。调整时,可先把尾座推向车头,使两顶尖靠近,检查它们是否在一条直线上。必要时,可调整尾座的横向位置使之对准。然后装上工件,将外圆车一刀后再测量工件两端的直径,根据直径之差来调整尾座的横向位置。如果床头直径大而床尾直径小,那么尾座应向操作者反方向偏移,反之,向相反方向偏移。偏移时,最好用百分表来测量。以百分表测量头接触工件靠近后顶尖处,如果两端直径相差 0.08 mm,那么尾座应偏移 0.08 mm/2=0.04 mm,这个偏移量可从百分表中准确读出。

3.6.2 技能训练

参考图 3-24 进行轴的加工技能训练。

1. 工艺准备

(1) 材料 图 3-22 所示的练习件。

(2) 刀具 90°、45°外圆车刀，B 型中心钻。

(3) 量具 游标卡尺，深度游标卡尺，25～50 mm 外径千分尺。

(4) 工具 鸡心夹头、钻夹头、回转顶尖、活扳手、划线盘及车前顶尖用的圆钢(30 mm×50 mm)。

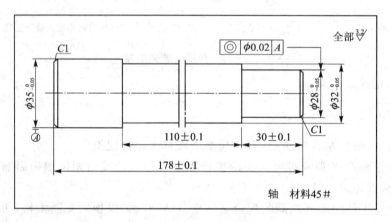

图 3-24 轴

2. 操作过程

(1) 检查毛坯。

(2) 将已车削的一端($\phi 35_{-0.05}^{0}$ mm)用三爪自定心卡盘夹住外圆，用划线盘找正，车端面，钻 $\phi 3$ mm B 型中心孔。

(3) 工件调头、找正、精车端面，定总长度(178±0.1)mm，钻 $\phi 3$ mm B 型中心孔。

(4) 车削前顶尖。

(5) 两顶尖间装夹工件。

(6) 粗车 $\phi 32_{-0.05}^{0}$ mm 处，留余量 1 mm，直径尺寸为 $\phi 33$ mm，长度为 110 mm+30 mm=140 mm，留余量 1 mm，长度尺寸为 139 mm。

(7) 粗车 $\phi 28_{-0.05}^{0}$ mm 处，留余量 1 mm，直径尺寸为 $\phi 29$ mm，长度 30 mm 处，留余量 1 mm，长度尺寸为 29 mm。

(8) 调头粗车 $\phi 35_{-0.05}^{0}$ mm 处，留余量 1 mm，直径尺寸为 $\phi 36$ mm。

(9) 修正前顶尖。

(10) 装夹工件，半精车、精车 $\phi 35_{-0.05}^{0}$ mm 处，至图样尺寸精度要求。半精车时，注意检测、调整锥度，倒角 C1。

(11) 调头装夹，半精车 $\phi 28_{-0.05}^{0}$ mm 和 $\phi 32_{-0.05}^{0}$ mm 处，长度至图样尺寸精度要求，分别为(30±0.1)mm 和(110±0.1)mm，直径留精加工余量 0.2～0.3 mm，表面粗糙度值为 $Ra6.3\ \mu m$。

(12) 精车 $\phi 32_{-0.05}^{0}$ mm 和 $\phi 28_{-0.05}^{0}$ mm 至图样技术要求，倒角 C1。

课题四　切断、车外沟槽

> **教学要求**
> 1. 掌握切断刀的几何角度及刃磨方法
> 2. 掌握切断、切槽的加工步骤及方法

4.1　切断刀和车槽刀的刃磨

技能目标
◆ 了解切断刀、车槽刀的种类和用途。
◆ 了解切断刀、车槽刀的组成及其几何角度要求。
◆ 掌握切断刀、车槽刀的刃磨方法。

4.1.1　相关工艺知识

通常使用的切断刀和车槽刀一般都是以横向进给为主,前端的切削刃是主切削刃,两侧的切削刃为副切削刃。为了减少工件材料的浪费,保证切断实心工件时能切到工件的中心和不要因为切断刀主切削刃太宽,切断时产生较大的径向切削力,使工件因振动而无法切削,一般切断刀主切削刃较窄,刀头较长。其刀头强度相对其他刀较低,所以,在选择几何角度时应特别注意。

直形车槽刀和切断刀的几何形状基本相似,刃磨方法也基本相同,只是刀头部分的宽度和长度有所区别,有时也通用。

车槽和切断是车工的基本操作技能之一,相对难度大一些,能否掌握好,关键在于刀具的刃磨质量。由于切断刀和车槽刀的特点是前宽后窄,上宽下窄,且要对称,刃磨要比外圆车刀等难度要大一些。

1. 高速钢切断刀和车槽刀的几何参数(见图 4-1)

(1) 如图 4-1 所示,前角 $\gamma_a = 5° \sim 20°$;主后角 $a_0 = 6° \sim 8°$;两个副后角 $a'_0 = 1° \sim 2°$;主偏角 $k_r = 90°$,两个副偏角 $k'_r = 1° \sim 1°30'$。

(2) 切断刀刀头宽的经验计算公式是 $a \approx (0.5 \sim 0.6)\sqrt{D}$。式中,$a$——主切削刃宽(mm);$D$——被切断工件的直径(mm)。

(3) 刀头部分长 L 的选择:

① 切断实心材料时,$L = \frac{1}{2}D + (2 \sim 3)$ mm。

② 切断空心材料时,L 等于被切断的壁厚加 $2 \sim 3$ mm。

(4) 车槽刀的长度 L 等于槽深加上 $2 \sim 3$ mm。刀宽应根据具体需要刃磨。

2. 切断刀的种类

按切削部分材料不同切断刀可分为高速钢切断刀和硬质合金切断刀。高速钢切断刀,受

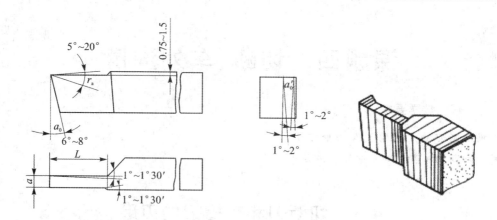

图 4-1 高速钢切断刀

高速钢材料性质的限制,其切削效率相对低一些。由于高速切削的普遍应用,硬质合金切断刀的应用也越来越广泛。一般切断时,由于切屑和槽宽相等,容易堵塞在槽内,为了使切削顺利,同时适当增大刀尖角而增加刀尖处的寿命和起导向作用,一般可以把主切削刃磨成人字形。为增加刀头的支承强度,可把切断刀的刀头下部做成凸圆弧形,工厂内把它形象地称为"鱼肚"形切断刀,如图 4-2 所示。

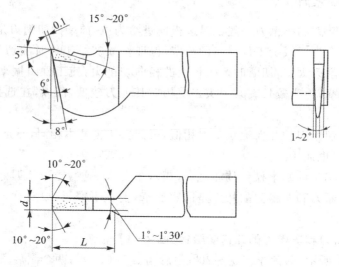

图 4-2 硬质合金切断刀

为了节省高速钢,切断刀可以做成片状,再装夹在弹性刀杆内,这样既节约了刀具材料,刃磨简单方便,又使刀杆具有弹性。当进给量太大时,由于弹性刀杆受力变形时刀杆弯曲中心在上面,刀头会自动退让一些,因此切断时不容易扎口,切断刀不易折断,如图 4-3 所示。

3. 弹性切断刀和车槽刀的刃磨方法

(1) 刃磨左侧副后面(见图 4-4(a)):两手握刀,车刀前面向上,同时刃磨出左侧副后角和副偏角。

(2) 刃磨右侧副后面(见图 4-4(b)):两手握刀,车刀前面向上,同时磨出右侧副后角和副偏角。

(3) 刃磨主后面(见图 4-4(c)):同时磨出主后角、主偏角。

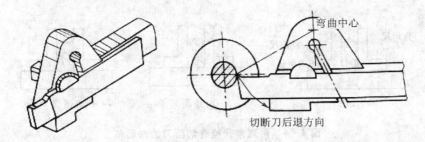

图 4-3 弹性切断刀

(4) 刃磨前面(见图 4-4(d)):同时磨出前角和断屑槽。

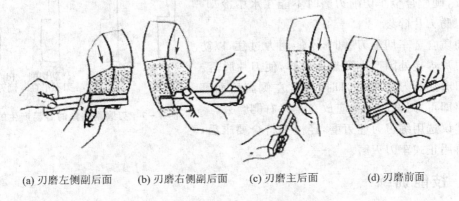

(a) 刃磨左侧副后面　(b) 刃磨右侧副后面　(c) 刃磨主后面　(d) 刃磨前面

图 4-4 切断刀的刃磨步骤和方法

> 注意事项

- 切断刀的断屑槽磨得不宜太深。一般为 0.75～1.5 mm(见图 4-5(a));断屑槽太深,其刀头强度差,易折断(见图 4-5(b));更不能把前面磨低或磨成台阶形(见图 4-5(c)),这种刀切削不顺利,排屑困难,切削负荷大增,刀容易折断。断屑槽的长度应超过切入深度使排屑顺利。

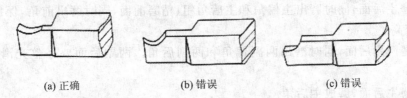

(a) 正确　　　　　　(b) 错误　　　　　　(c) 错误

图 4-5 前角正确与错误示意图

- 刃磨切断刀和车槽刀的两侧后角时,应以车刀的底面为基准,用金属直尺或直角尺检查(见图 4-6(a))。两侧副后角应为 1°～2°且需要对称。副后角一侧为负值(见图 4-6(b))。切断时副后面与工件一侧已加工表面摩擦,两侧副后角的角度太大(见图 4-6(c)),降低刀头强度,切削时容易折断。
- 刃磨切断刀和车槽刀的副偏角时,要防止下列情况产生:副偏角太大(见图 4-7(a)),刀头强度变差,容易折断;副偏角为负值(见图 4-7(b)),不能用直进法切削;副切削刃不平直(见图 4-7(c)),不能用直进法切削;车刀左侧磨去太多(见图 4-7(d)),不能切

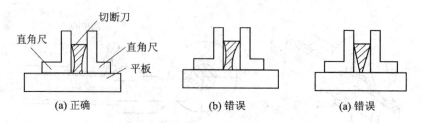

图 4-6 用直角尺检查切断刀的副后角

削左侧有高台阶的工件。

- 高速钢车切削刃磨时,应随时冷却,以防退火,硬质合金车切削刃磨时不能在水中冷却,以防刀片碎裂。
- 硬质合金车切削刃磨时,不能用力过猛,以防刀片焊接处因产生高热而脱焊,使刀片脱落。
- 刃磨切断刀和车槽刀时,通常左侧副后面磨出即可,刀宽的余量应放在车刀右侧磨去。
- 建议选用练习刀坯刃磨,经检查符合要求后,再用正式车刀刃磨。

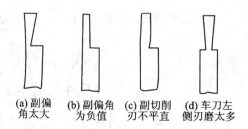

图 4-7 刃磨副偏角时容易产生的问题

4.1.2 技能训练

1. 工艺准备

(1) 材料 刀坯练习工件 5 mm×19 mm×160 mm,高速钢切断刀片。

(2) 量具 角度样板、游标卡尺、金属直尺。

(3) 工具 砂轮片修整器、砂轮及白色氧化铝砂轮片、活扳手。

2. 操作过程

(1) 粗磨两副后面(保持平直),同时磨出相对称的两副偏角和两副后角及所需的主切削刃宽。

(2) 粗磨主后面,同时磨出主偏角和主后角粗、精磨前面,同时磨出前角,保持主切削刃平直,两刀尖等高。

(3) 精磨两副后面,同时磨出两副偏角和两副后角。两副后面要平整光滑,两副后角要对称。

(4) 精磨主后面,磨成主后角。

(5) 修磨刀尖。

(6) 圆头切断刀参照以上步骤刃磨,刃磨刀刃时,应圆滑转动,符合要求。

4.2 切　断

技能目标

◆ 掌握切断刀、车槽刀的装夹。

◆ 掌握直进法和左右借刀法切断工件。

- ◆ 进一步巩固切断刀、车槽刀的刃磨和修磨。
- ◆ 懂得切断时易产生的问题和注意事项。
- ◆ 根据工件材料的不同,能正确合理地刃磨刀具的几何角度,选择合理的切削用量,并要求切断面平面光洁。

4.2.1 相关工艺知识

车床上把较长的坯料或工件切成两段(或数段),把加工完的工件从母体上切下来的加工方法称为切断。

1. 切断刀、车槽刀的装夹

磨角度正确的切断刀,并不等于其工作角度正确;切断刀装夹是否正确,直接影响切断刀的工作角度,对切断工件能否顺利进行、切断的工件平面是否平直有直接关系,所以对切断刀的装夹要求较严。

(1) 强切断刀的刚性,刀杆伸出不易太长,以防止振动。

(2) 切断刀的主切削刃应严格对准工件的回转中心,并保证刀具对称,副偏角应相等,同时副后角也相等。使副切削刃和副后面切削时,不能与工件已加工表面摩擦,否则将影响切断的顺利进行和切断表面的质量。

2. 切断方法

(1) 用直进法切断工件。所谓直进法,是指刀具作垂直于工件轴线方向进给运动把工件切断,如图4-8(a)所示。这种方法效率高,省工件材料,但对车床的刚性、切断刀的刃磨与安装、切削用量的选择等方面都有较高的要求。但较难掌握,容易造成刀头折断,所加工表面的质量难掌握。

(2) 左右借刀法切断工件。在切断系统(刀具、工件)刚性等不足的情况下,可采用左右借刀法切断工件,如图4-8(b)所示。这种方法是指切削刀在轴线方向反复地往返移动,随后径向进给,直至工件被切断。

(3) 反切法切断工件。反切法是指工件反转,车刀反向装夹,如图4-8(c)所示。这种切断方法宜用于较大直径的工件,其优点有:

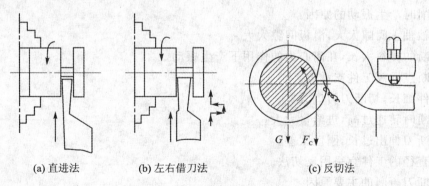

(a) 直进法　　　　(b) 左右借刀法　　　　(c) 反切法

图4-8 切断工件的三种方法

① 反转切削时,作用在工件上的切削力与装夹在主轴上的工件的重力方向一致(向下),因此主轴受一个方向的力而不容易产生上下振动,所以切断工件时比较平稳,不产生振动。

② 切屑靠自重从下面流出,不易堵塞在切割槽中,排屑顺利,因而能比较顺利地切削。

但必须注意：在采用反切法时，卡盘与主轴的连接部分必须有保险装置，否则卡盘会因倒车而脱轴，发生事故。

> 注意事项

● 切削工件时，切断刀伸入工件被切入槽内，刀具周围工件被切屑包围，散热情况较差，切削刃容易磨损（尤其在切断刀的两个刀尖处），排屑也比较困难，易造成扎刀现象，严重影响刀具的使用寿命。为了克服上述缺点，使切断工件顺利进行，可以采用下列措施：

① 控制切屑形状和排屑方向。切屑形状和排屑方向对切断刀的使用寿命、工件的表面粗糙度及生产率都有很大的影响。切断塑性金属时，工件槽内的切屑成发条状卷曲，排屑困难，使作用在刀具上的切削力也增加，容易产生"扎刀"现象，并损伤切断表面的质量。如果切削呈节状，同样影响切屑排出，也容易造成扎刀现象。理想的切屑是呈直带状从工件槽内排出后，再卷成圆锥形螺旋，或发条状，才能防止扎刀。

② 在切断刀上磨出 30°左右的刃倾角（左高右低）。刃倾角太小，切屑会在槽中呈发条状，不易理想地卷出；刃倾角太大，刀尖对不准工件中心，排屑困难，容易损伤工件表面，并使切断工件的平面歪斜，造成扎刀现象。

③ 断屑槽的大小和深度要根据进给量和工件直径的大小决定。进给量大，断屑槽要相应增大；进给量小，断屑槽要相应减少；否则切屑易呈长条状缠绕在车刀或工件上，产生不良后果。工件直径较大时，断屑槽需相应增大一些，否则切屑易成发条状卷曲在工件槽内不易排出，使切削力大大增加而折断刀头。

● 被切断工件的平面产生凹凸不平的原因：

① 切断刀两侧刀尖刃磨或磨损不一致，造成让刀，而使工件平面产生凹凸。

② 窄切断刀的主切削刃与轴线有较大的夹角，进给时在侧面切削力的作用下，刀头易产生偏斜，而使切断面凹凸。

③ 切断刀装夹不正确，进给时一侧后面与工件已加工表面摩擦，使刀头偏斜，切断面产生凹凸现象。

④ 主轴轴向窜动。

● 切削时产生振动的原因：

① 主轴轴承间隙太大，滑板间隙太大。

② 切断的棒料太长，在离心力的作用下产生振动。

③ 切断点远离工件支承点。

④ 工件细长，切断刀刃口太宽。

⑤ 切断时转速过高，进给量太大。

⑥ 切断刀伸出过长，刚性太差。

⑦ 大直径的工件宜采用反切法。

● 切断刀折断的主要原因：

① 工件装夹不牢，切割点远离卡盘，在切削力作用下，工件抬起，造成刀头折断。

② 排屑不良，切屑堵塞，增大刀头载荷，使刀头折断。

③ 切断刀装夹与工件轴线不垂直、歪斜。

④ 高于或低于工件中心。

⑤ 进给量过大,切断刀前角过大。
⑥ 滑板、刀架等间隙过大,切削时产生扎刀现象,致使切断刀折断。
⑦ 手动进给时,摇手柄不连续,不均匀。
● 一夹一顶或两顶尖安装工件时,不能把工件直接切断,以防切断时工件飞出发生事故。
● 用左、右借刀法切断时,借刀量应相等。
● 切断毛坯工件时,应先把工件车圆。
● 用高速钢刀切断时,应浇注切削液,这样可延长切断刀的使用寿命。用硬质合金刀切断工件时中途不准停车,否则切削刃容易碎裂。

4.2.2 技能训练

如图 4-9 所示进行切断技能训练。

1. 工艺准备

(1) 材料　45 钢 1 件,440 mm×80 mm。
(2) 刀具　45°车刀,90°车刀,切断刀。
(3) 量具　游标卡尺,25～50 mm 外径千分尺,刀口形直尺,塞尺。

2. 操作过程

(1) 检查毛坯。
(2) 用三爪自定心卡盘或四爪单动卡盘装夹,并找正。
(3) 平端面。
(4) 粗、精车外圆至图样技术要求,长度 10 mm 左右。
(5) 切割厚度为 (3±0.2)mm 薄片,注意测量,注意去毛刺。

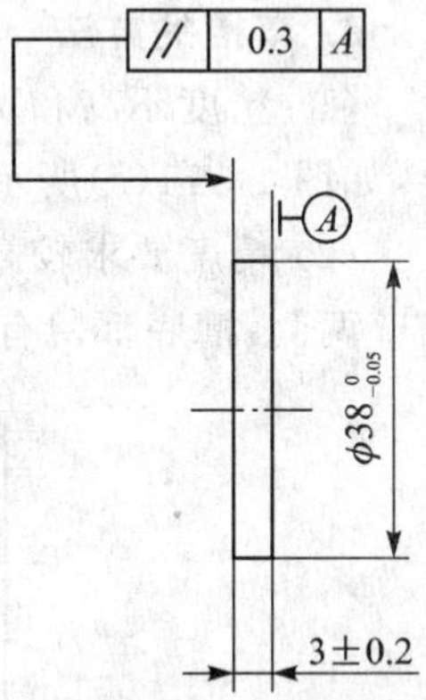

图 4-9　切断

4.3　车外沟槽

技能目标

◆ 了解常见外沟槽的种类和作用。
◆ 掌握矩形槽、梯形槽和圆弧形槽的车削方法。
◆ 了解车沟槽时可能产生的问题和注意事项。

4.3.1　相关工艺知识

在工件上车出各种形状的槽称为车沟槽。外圆和平面上的沟槽称为外沟槽,内孔的沟槽称为内沟漕。

1. 沟槽的种类和作用

沟槽的形状和种类很多,常见的外沟槽有矩形沟槽、圆弧形沟槽、梯形沟漕等,如图 4-10 所示。矩形沟槽的作用通常是使所装配的零件有正确的轴向位置,在磨削、车螺纹插齿等加工过程中便于退刀,外梯形槽一般是梯形带槽(V 带槽)。

2. 车槽刀的装夹

车槽刀的装夹与切断刀的装夹类似,车槽刀装夹是否正确,对车槽的质量有直接影响,如

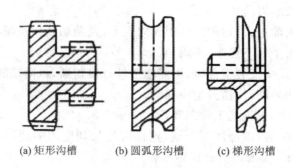

(a) 矩形沟槽　　(b) 圆弧形沟槽　　(c) 梯形沟槽

图 4-10　常见的外沟槽

矩形车槽刀的装夹,要求主切削刃应平行于主轴轴线,两侧的副偏角、副后角都应相互对称。梯形车槽刀的装夹要求梯形刀角平分线与工件轴线垂直相交。

3. 车槽的方法

(1) 精度不高和宽度较窄的沟槽可以用刀宽等于槽宽的车槽刀,采用直进法,一次进给车出,如图 4-11(a)所示。

(2) 精度要求较高的沟槽,一般采用两次直进法车出,如图 4-11(b)所示。第一次车槽时槽壁两侧、槽底都留有一定的精车余量,第二次进给时用等宽刀,根据槽深、槽宽进行精车。

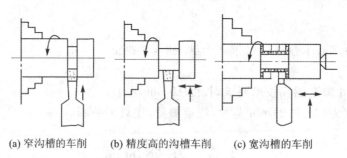

(a) 窄沟槽的车削　　(b) 精度高的沟槽车削　　(c) 宽沟槽的车削

图 4-11　直沟槽的车削

(3) 车较宽的沟槽,可以采用多次直进法车削,如图 4-11(c)所示,并在槽壁两侧槽底留一定精车余量,然后根据槽深、槽宽进行精车。工厂内大中型工件上较宽的沟槽,常用 45°车刀车槽,然后用 90°左、右偏刀进行修整两侧余量。

(4) 车削较小的圆弧形槽时,一般以成形刀一次车出;车较大的圆弧形槽,可用双手联动车削,以样板检查修整。

(5) 车削较小的梯形槽时,一般成形刀一次完成较小的梯形槽,通常先车相应的直槽,然后用梯形刀直进法或左右切削法完成,如图 4-12 所示。

(6) 沟槽的检查和测量。精度要求低的沟槽,一般采用金属直尺和卡钳测量;精度要求较高的沟槽,要用千分尺、样板、游标卡尺等检测,如图 4-13 所示。

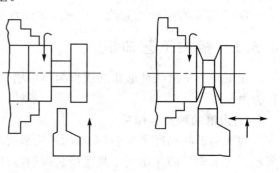

图 4-12　梯形槽的车削

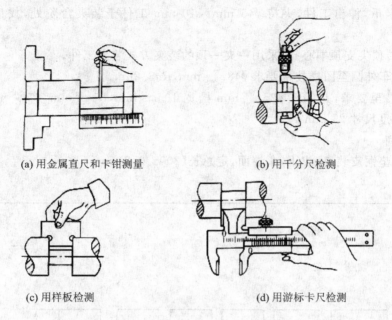

(a) 用金属直尺和卡钳测量　　(b) 用千分尺检测

(c) 用样板检测　　(d) 用游标卡尺检测

图 4-13　沟槽的检查和测量

> **注意事项**

- 车槽刀的主切削刃应与工件的轴线平行,否则车出的沟槽底外径两侧大小不一。
- 槽底两侧应清根。
- 槽壁与轴线不垂直,出现内槽狭窄外口大的喇叭形,造成这种情况的主要原因有:
① 车刀刀尖磨钝。
② 车刀刃磨不正确。
③ 车刀装夹不正确。
- 要正确使用游标卡尺、样板、塞规、千分尺测量沟槽。
- 合理选择切削用量。
- 正确使用切削液。

4.4.2　技能训练

如图 4-14 所示为外沟槽加工的技能训练。

1. 工艺准备

(1) 材料　45 钢,加工练习工件为 50 mm×215 mm。
(2) 刀具　90°外圆车刀、45°弯头车刀、切断刀(刀头宽度小于 5 mm)、中心钻。
(3) 量具　游标卡尺、25～50 mm 外径千分尺,塞规 φ6 mm。
(4) 工具　回转顶尖、划线盘、钻夹头等常用工具。

2. 操作过程

(1) 检查毛坯。
(2) 装夹毛坯外圆,伸出长度 60 mm,找正、夹紧、车 φ45 mm×10 mm 装夹台阶。
(3) 调头,夹毛坯外圆,伸出长度 60 mm,找正,夹紧,车端面。

(4) 松开卡爪,伸出工件,夹持 φ45 mm×10 mm 工件于装夹台阶处,找正,夹紧,钻中心孔。

(5) 用回转顶尖支顶中心孔,采用一夹一顶的装夹方式装夹工件。

(6) 粗、精车外圆至图样技术要求 $\phi 48_{-0.05}^{0}$ mm,$Ra3.2\mu$m。

(7) 车直槽至要求,并保证 $\phi 25_{-0.2}^{0}$ mm 槽宽 $10_{0}^{+0.12}$ mm,$8_{0}^{+0.12}$ mm,$6_{0}^{+0.05}$ mm,$6_{0}^{+0.1}$ mm,$10_{0}^{+0.1}$ mm 及长度尺寸 25 mm。

(8) 去毛刺。

(9) 调头,垫铜皮装夹,找正,车端面,定总长(200±0.2) mm。

(10) 检验。

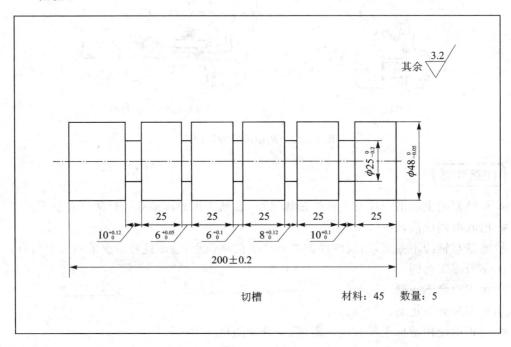

图 4-14 外沟槽

课题五　车圆锥体

> **教学要求**
> 1. 掌握万能角度尺的正确使用方法
> 2. 熟练掌握车削锥度的步骤和方法，并能正确检测

5.1　游标万能角度尺的使用

技能目标
- ◆ 了解游标万能角度尺的各部分名称及作用。
- ◆ 掌握游标万能角度尺的刻线原理、读数方法。
- ◆ 了解游标万能角度尺的测量范围。
- ◆ 能用2′的游标万能角度尺测量出±4′的角度误差。
- ◆ 了解游标万能角度尺使用时的注意事项。

5.1.1　相关工艺知识

游标万能角度尺是机械加工中测量角度的重要量具，其结构如图5-1所示。它可以测量0°～320°范围内的任意角度。

1. 游标万能角度尺的组成

游标万能角度尺由尺身、90°角尺、游标、制动器、基尺、直尺、卡块等组成。

基尺可以带着主尺沿着游标转动，当转到所需角度时，可以用制动器锁紧，卡块将角尺和直尺固定在所需的位置上。在测量时，转动背面的捏手，通过小齿轮转动扇形齿轮，使基尺改变角度，如图5-1所示。

2. 游标万能角度尺刻线原理的读数方法

目前，常用的游标万能角度尺的分度值一般分为5′和2′两种。下面仅介绍分度值为2′的刻线原理。

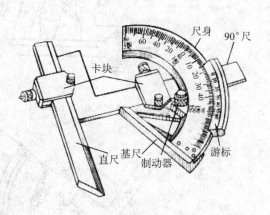

图5-1　万能角度尺

尺身刻度为每格1°，游标上总角度为29°，并等分成30格，如图5-2(a)所示。每格所对的角度为 $\dfrac{29°}{30} \times \dfrac{60' \times 29}{30} = 58'$。因此，尺身一格与游标一格相差2′，即此游标万能角度尺的测量精度为2′，即 $1° - \dfrac{29°}{30} = 60' - 58' = 2'$。

游标万能角度的读数方法与游标卡尺的读数方法相似，即先从尺身上读出游标零线前面

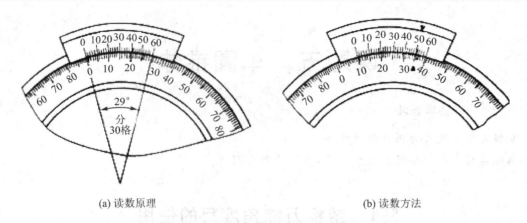

(a) 读数原理　　　　　　　　　　　　(b) 读数方法

图 5-2　万能角度尺的刻线原理

的整数值,然后在游标上读出分的数值,两者相加就是被测件的角度数值,图 5-2(b)所示读数为 $10°50'$。

用游标万能角度尺检测外圆锥度时,应根据工件角度的大小选择不同的测量方法,如图 5-3 所示。测量 0°~50°的工件时,可选择如图 5-3(a)所示的方法;测量 50°~140°的工件时,可选择如图 5-3(b)所示的方法;测量 140°~230°的工件时,可选用如图 5-3(c)、图 5-3(d)

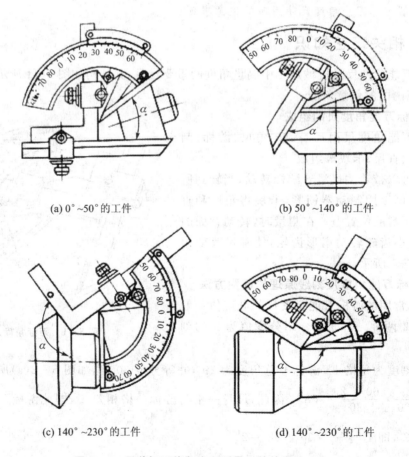

(a) 0°~50°的工件　　　　　　　　　　(b) 50°~140°的工件

(c) 140°~230°的工件　　　　　　　　(d) 140°~230°的工件

图 5-3　用游标万能角度尺测量工件的方法

所示的方法;若将角尺和直尺都卸下,由基尺和扇形板(尺身)的测量面形成的角度还可测量 230°~320°之间的角度。

> **注意事项**

- 按工件所要求的角度,调整好游标万能角度尺的测量范围。
- 工件表面要清洁、无毛刺。
- 注意测量基准的选择,要求平整、光洁。
- 测量时,游标的万能角度尺面应通过中心,并且一个面与工件测量基准面吻合,透光检查。读数时,应锁紧固定螺钉,然后离开工件,以免角度值变动。
- 游标万能角度尺只适合于精度要求不高的角度测量。

5.2 转动小滑板车外圆锥体

实习教学要求

◆ 了解转动小滑板车圆锥体的特点。
◆ 根据已知的锥度基本参数,会计算小滑板的旋转角度。
◆ 掌握转动小滑板法车外圆锥的方法。
◆ 掌握用锥度套规检查锥体和控制锥体尺寸精度的方法,要求用锥度套规涂色检查时触面在50%以上。

5.2.1 相关工艺知识

用转动小滑板法车削圆锥体时,应将小滑板导轨与车床主轴轴线相交成一个角度。也就是说,把小滑板转过一个大小等于所加工工件的圆锥半角($\alpha/2$)(见图5-4),小滑板是顺时针还是逆时针转动角已决定于工件在车床上的具体加工位置。

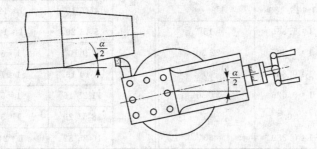

图5-4 转动小滑板法车削圆锥体

1. 转动小滑板法车削圆锥体的特点

(1) 可以车削各种角度的内外圆锥,适用范围广。
(2) 能加工出整锥体,操作简单、方便,并能保证一定的加工精度。
(3) 一般车床小滑板无自动进给,所以用小滑板车削锥体时,只能用手动进给,劳动强度大,工件表面粗糙度较难控制。
(4) 因受小滑板行程的限制,只能加工锥面不长的工件。

转动小滑板法适用于加工圆锥半角较大、锥面不长的内、外圆锥体。

2. 小滑板转动角度的计算

根据被加工零件给定的已知条件,可应用下面的公式计算圆锥半角:

$$\tan\frac{\alpha}{2} = \frac{C}{2} = \frac{D-d}{2L}$$

式中,$\frac{\alpha}{2}$——圆锥半角(°);

C——锥度;

D——圆锥体大端直径(mm);

d——圆锥体小端直径(mm);

L——最大圆锥直径和最小圆锥直径之间的轴向距离(mm)。

应用上面公式计算 $\alpha/2$,须查三角函数表,比较麻烦,当 $\alpha/2$ 小于 6°时,可用下列近似公式来计算,即

$$\frac{\alpha}{2} \approx 28.7° \times \frac{D-d}{L}$$

车削常用锥度和标准锥度时小滑板转动角度见表 5-1。

表 5-1 车削常用锥度和标准锥度时小滑板转动角度

名称		锥度	小滑板转动角度	名称		锥度	小滑板转动角度
莫氏	0	1:19.212	1°29′27″	标准锥度	0°17′11″	1:200	0°08′36″
	1	1:20.047	1°25′43″		0°34′23″	1:100	0°17′11″
	2	1:20.020	1°25′50″		1°8′45″	1:50	0°34′23″
	3	1:19.922	1°26′16″		1°54′35″	1:30	0°57′17″
	4	1:19.254	1°29′15″		2°51′51″	1:20	1°25′56″
	5	1:19.002	1°30′26″		3°49′6″	1:15	1°54′33″
	6	1:19.180	1°29′36″		4°46′19″	1:12	2°23′09″
表面锥度	30	1:1.866	15°		5°43′29″	1:10	2°51′15″
	45	1:1.207	22°30′		7°9′10″	1:8	3°34′35″
	60	1:0.866	30°		8°10′16″	1:7	4°05′08″
	75	1:0.625	37°30′		11°25′16″	1:5	5°42′38″
	90	1:0.5	45°		18°55′29″	1:3	9°27′44″
	120	1:0.289	60°		16°35′32″	1:24	8°17′46″

3. 转动小滑板的方法和步骤

(1) 工件和车刀,工件的旋转中心必须与主轴旋转中心重合,车刀刀尖必须严格对准工件的旋转中心,否则车出的圆锥素线不是直线,而是双曲线。

(2) 小滑板的转动角度,根据工件图样选择相应的公式计算出圆锥半角 $\alpha/2$,即是小滑板应转动的角度。

(3) 用扳手将小滑板下面转盘上的两个螺母松开,把转盘转至所需要的圆锥半角 $\alpha/2$ 的刻度上,与基准零线对齐,然后固定转盘上的螺母。一般情况下,$\alpha/2$ 可能是整角度数,例如 $\alpha/2 =$

$2°51'45''$，可在 $2°\sim3°$ 之间，靠近 $3°$ 处估计，试切后逐步找正、调整。

车正外圆锥面（工件大端靠近卡盘，小端靠近尾座方向）时，小滑板应逆时针方向转动一个圆锥半角 $\alpha/2$，反之则顺时针方向转动一个圆锥半角 $\alpha/2$。

4. 车削前调整好小滑板镶条的松紧

车削锥度前，应调整好小滑板的导轨与镶条间的配合间隙。如调得过紧，手动进给时费力，刀具移动不均匀；调得过松，造成小滑板间隙太大，两者均会使车出的圆锥面粗糙度值较大且母线不直。

5. 粗车外圆锥面

车外圆锥面与车外圆柱面一样，也要分粗、半精、精车。通常先按圆锥大端直径和圆锥面长度车成圆柱体，然后再车圆锥面，这时应根据工件圆锥面长度确定小滑板的行程长度，确定床鞍的位置。

其次，移动中、小滑板，使刀尖与轴端外圆轻轻接触后，转动小滑板手柄向后退刀，中滑板刻度调至零位，作为粗车外圆锥面的起始位置。然后中滑板刻度向前进给相应的背吃刀量 a_p，起动车床，双手交替转动小滑板手柄，手动进给速度要保持均匀、不间断。在车削过程中，背吃刀量会逐渐减小，当车完一刀后，将中滑板、小滑板退出后复位，中滑板在起始刻度指示位置上调整背吃刀量反复粗车，至工件能塞进套规约 2/3 以上时，检测圆锥角度。

6. 用锥度套规检测外圆锥角度

粗车后的外圆锥体因表面粗糙度值大，不能用套规直接检测，否则将影响其角度的检测和调整。需把锥体半精车降低表面粗糙度值后，再将圆锥套规轻轻地套在工件上，用手捏住套规左、右两端，分别作上下摆动，如图 5-5(a) 所示。如果一端有间隙，就说明锥度不正确。图 5-5(b) 中大端有间隙，说明小滑板转过的角度小了；图 5-5(c) 中小端有间隙，说明小滑板转过的角度大了。此时可松开转盘螺母（注意因扳手碰撞转盘会引起角度变化），按角度调整方向用铜棒轻轻敲击小滑板，使小滑板作微量转动（必要时用百分表磁力表座配合，易观察）。然后锁紧转盘螺母。重复半精车锥体，再次用套规检测，若左、右两端均不能明显摆动时，表面圆锥角基本正确。

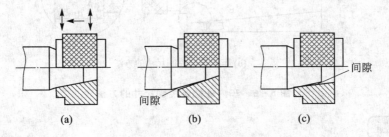

图 5-5 半精车外圆锥角度的检验

基本正确的外圆锥体，可用锥度套规涂色法作精确检测。在外锥体表面上顺着母线、相隔约 $120°$ 薄而均匀地涂上三条显示剂。把套规轻轻套在工件上转动半圈之内，然后取下套规观察工件锥面显示剂擦去的情况，若大端的显示剂被擦去，则说明小滑板角度转大了；若小端的显示剂被擦去，则说明小滑板角度转小了，都需要做相应的微量调整，至显示剂被擦去 50% 以上。此法为车工操作技能的难点，需经过试切和反复调整，才能达到较理想的效果。

7. 用锥度套规检测,控制外锥体的大、小端尺寸精度

锥度套规是检验锥体工件的综合量具,既可以检测工件锥度的准确性,又可以检测锥体工件的大小端直径及长度尺寸。锥体的锥度、大端直径、小端直径、锥体长度四个基本参数,只要其中任意三个参数正确,则另外一个参数一定是正确的。

锥度套规又叫锥度界限套规,界限则是当工件的锥角正确后,来控制大、小端直径或锥体长度的。因此,精车外圆锥面时,车刀必须锋利、耐磨,按精加工要求选择好切削用量。目的是为了提高工件的表面质量,控制圆锥面尺寸精度,因为此时锥度已经找正。首先用金属直尺或深度游标卡尺测量出工件端面至套规小(或大)端界限的距离 a(见图 5-6),用计算法计算出背吃刀量 a_p:

$$a_p = \cot\frac{\alpha}{2} \quad 或 \quad a_p = a \times \frac{C}{2}$$

式中,a_p——当界限量规刻线或台阶中心还离工作平面 a 的长度时的背吃刀量(mm);

$\frac{\alpha}{2}$——圆锥半角(°);

C——锥度。

然后移动中、小滑板,使刀尖轻轻接触工件圆锥小端外圆表面后退出,中滑板按自动进给,小滑板手动进给精车圆锥面至尺寸。

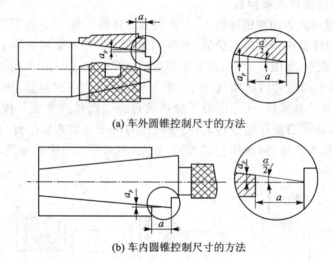

(a) 车外圆锥控制尺寸的方法

(b) 车内圆锥控制尺寸的方法

图 5-6 车内外圆锥控制尺寸的方法

> **注意事项**

- 车刀必须对准工件旋转中心,避免产生双曲线误差。
- 当车刀在中途刃磨以后装夹时,必须重新调整,使刀尖严格对准工件中心。
- 车圆锥体前对圆柱直径的要求,一般应按圆锥体大端直径放余量 1 mm 左右。
- 用双手交替转动小滑板手柄,保证进给速度均匀、不间断。
- 粗车时,要注意给调整角度和精加工留有足够的余量。
- 最后一刀,要保证车刀始终保持锋利,工件表面应一刀车成。
- 小滑板不宜过紧,也不能太松。

- 在转动小滑板时,应稍大于圆锥半角 α/2,然后逐步找正。当小滑板角度调整到相差不多时,只须把紧固螺母稍松一些,用左手拇指紧贴在小滑板转盘与中滑板底盘上,用铜棒轻轻敲小滑板,凭手指的感觉决定微调量,或者用百分表、磁力表座相互配合,这样可较直观地找正锥度。注意要消除中滑板间隙。
- 用圆锥套规检查时,套规和工件表面均用绢绸擦干净,保证表面干净、无毛刺、无线头、无油等,工件表面粗糙值必须小于 $Ra3.2\mu m$,涂色要薄而均匀,中间相隔约120°左右,套规转动量应在半圈以内,不可来回旋转。
- 车削过程中,要严格、精确地计算、调整锥度。
- 防止扳手在松开或锁紧固螺母时打滑而撞伤手。
- 调整小滑板角度时,不能用手中的扳手敲击小滑板。

5.2.2 技能训练

参照图 5-7 进行技能训练。

1. 工艺准备

(1) 材料　45 钢,下料尺寸为 $\phi 50$ mm×135 mm。

(2) 刀具　45°弯头车刀、90°偏刀、低速精车刀等。

(3) 量具　游标卡尺、$\phi 25 \sim \phi 50$ mm 外径千分尺、Morse No.5 锥度套规、显示剂、磁力表座等。

(4) 工具　常用的划线盘、活扳手、铜皮、铜棒等。

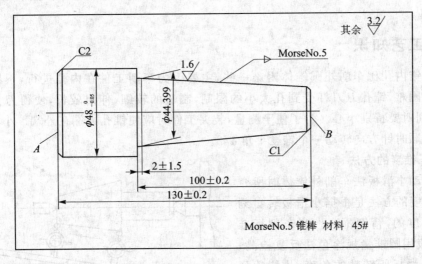

图 5-7　手动进给车 Morse No.5 锥棒

2. 操作过程

(1) 检查来料毛坯。

(2) 装夹毛坯外圆,伸出长度为 60～70 mm,找正,夹紧。

(3) 粗、精车端面 A,至图样要求表面粗糙度值 $Ra3.2\mu m$。

(4) 粗、精车外圆至图样要求,表面粗糙度 $Ra3.2\mu m$,长度 60～70 mm,倒角 C2。

(5) 调头,垫铜皮装夹至 $\phi 48_{-0.05}^{\ 0}$ mm 处,装夹长度 20～25 mm,用磁力表座找正,并夹紧。

(6) 平端面 B,定总长,至图样要求(130±0.2) mm,表面粗糙度值 Ra3.2μm。

(7) 粗车、半精车 φ45mm 至 φ44.399mm,长度(100±0.2) mm 至 99.5 mm。

(8) 小滑板转过 α/2(α/2＝1°30′26″)粗、半精车 Morse No.5 锥体,表面粗糙度值小于 Ra3.2 μm,Morse No.5 套规涂色检查,找正小滑板转动角度,使接触面大于 50%以上。

(9) 精车 φ44.399 mm,控制(100±0.2)mm 长度,并分别使台阶端面、外圆达到 Ra3.2 μm 表面粗糙度要求。

(10) 精车 Morse No.5 锥体,控制长度尺寸(2±1.5)mm 和表面粗糙度值。

(11) 倒角、去毛刺。

(12) 检验。

5.3 转动小滑板车圆锥孔

技能目标

◆ 掌握转动小滑板车圆锥孔的方法。
◆ 合理选择切削用量、切削液。
◆ 合理刃磨、装夹高速钢内孔低速精车刀具。
◆ 掌握用标准塞规和百分表配合找正锥度的方法。
◆ 通过对内锥孔的车削练习,进一步强化内孔和外锥体的车削。
◆ 要求用涂色法检测内锥孔接触面 75%以上,表面粗糙度值和尺寸精度达到图样技术要求。

5.3.1 工艺知识

车削圆锥内孔比车削外圆锥体困难一些,主要因为车削工件在内孔进行,不易观察和排屑。冷却也困难,镗孔刀刀杆受到孔大小的限制,制造的较细、伸出较长,使得刀具的刚性不足,所以车削时要特别小心。为了便于测量,装夹工件时应使锥孔大端在外端。小滑板的转动方向一般是顺时针方向转动一个锥度半角 α/2。

1. 找正锥度的方法

在用转动小滑板法车削外锥体时所介绍的找正锥度的方法是根据小滑板转盘刻度来确定锥度的,精度不高。当车削标准锥度时,一般用圆锥量规涂色法反复检测,逐步找正小滑板所转动的角度,才能达到要求,比较麻烦。下面介绍一种较方便地找正锥度的方法。如需要车削的工件已有样件或标准塞规时,可用百分表找正锥度(见图 5-8)。把样件或标准锥度塞规装夹

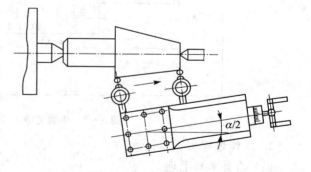

图 5-8 用样件或标准塞规校正小滑板转动角度

在两顶尖之间,然后在刀架上装夹一只百分表,把小滑板转动一个所需的 α/2,百分表的测量头垂直接触在样件上,且对准工件的中心。移动小滑板,观察百分表指针摆动情况。如指针摆动量为零,则说明锥度已找正。用这种方法找正锥度,既迅速又方便。用此种方法找正车削内

锥孔的锥度,只需把两顶尖间的样件调头装夹,然后再找正锥度。

2. 转动小滑板车圆锥孔

(1) 先用直径小于锥孔小端直径 1～2 mm 的钻头钻孔。直径较大的锥孔,可经过钻、车保证小端留有 1 mm 余量的直孔。

(2) 转动小滑板,并调整、找正锥度。

(3) 装夹刀具,并用金属直尺根据机床中心高调整刀尖,使其严格对准工件的回转中心。

3. 切削用量的选择

(1) 切削速度比车圆锥体时相对低些。

(2) 手动进给量要始终保持均匀,不能有停顿或快慢不均的情况。

(3) 为了保证锥孔质量,一般选用高速钢刀低速精车,切削速度应小于 5 m/min,最后一刀的背吃刀量一般取 0.1～0.2 mm。如果精车钢件时,可加切削液,以减小表面粗糙度值。

4. 圆锥孔的检查

(1) 用卡钳测量锥孔直径(内卡钳脚要卡在锥孔大端的直径并与轴线垂直)。

(2) 用游标卡尺测量锥孔直径,只能间接测量出锥孔大端直径。一般情况下,两用卡尺脚长为 10 mm,测量时应把卡脚伸入锥孔内,测量出距大端 10 mm 处锥孔直径,例如 $C=1:10$ 锥度内孔,若卡尺读数为 50 mm,则大端直径为 51 mm。

(3) 用锥度界限塞规涂色,并控制尺寸。

(4) 根据塞规在孔外的长度 a 计算孔车削余量,并用中滑板刻度盘控制背吃刀量。

5. 车配套圆锥面的方法

车削时,先把外圆锥车削正确,这时不要变动小滑板刻度,只要把车孔刀反装,前刀面向下,然后车削内圆锥。此时主轴仍正转,由于小滑板角度不变,因此可以获得很准确的圆锥配合表面,如图 5-9 所示。

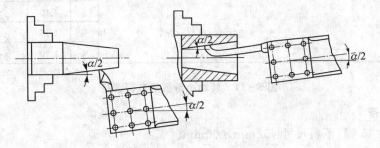

图 5-9 车削配套圆锥面的方法

6. 车削左、右对称的内圆锥工件的方法

对于左右对称的内圆锥工件,一般可以用以下的方法来保证精度,车削方法如图 5-10 所示。先把外端内圆锥孔加工正确,不变动小滑板的角度,把车刀反装,主轴仍正转,摇向对面再车削里面一个内圆锥。这种方法加工方便,不但使两对称内圆锥锥度相等,而且工件不需要卸下,因此两内圆锥孔可获得很高的同轴度。

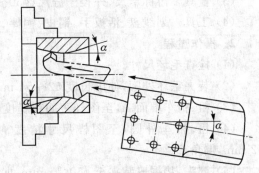

图 5-10 车削对称内圆锥的方法

注意事项

- 要正确刃磨、合理安装低速精车刀。
- 合理选择切削用量、切削液。
- 车刀必须对准工件中心或略高于中心。
- 粗车时背吃刀量不宜过大,先粗找正锥度。
- 用涂色法检查时,显示剂应涂在锥度塞规上,且相隔约120°。均匀涂抹上3条。
- 涂色检测时,必须注意孔内清洁,转动量在半圆之内,且只可向一个方向转动。
- 取出锥度塞规时注意安全,不能敲击,以防工件移位。
- 精车锥孔时,要以锥度塞规上的界限线来控制锥孔尺寸。

5.3.2 技能训练

根据图 5-11 进行技能训练。

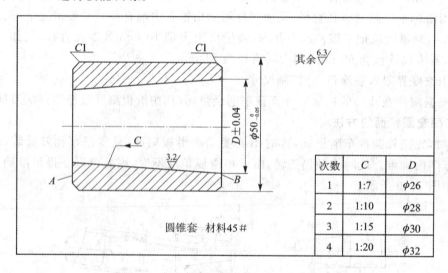

图 5-11 转动小滑板法车圆锥孔

1. 工艺准备

(1) 材料 45 钢,下料尺寸 $\phi 52\text{mm} \times 60\text{mm}$。

(2) 刀具 外圆车刀、45°弯头车刀、内孔车刀、钻头($\phi 18\text{mm}$)、中心钻等。

(3) 量具 游标卡尺、外径千分尺($\phi 50 \sim \phi 75\text{mm}$)、锥度量规(相应尺寸)、显示剂。

(4) 工具 划线盘、活扳手、铜皮、铜棒、相应尺寸的钻套、钻夹头等常用的工具。

2. 操作过程

(1) 检查毛坯尺寸。

(2) 装夹毛坯外圆,伸出长度 52~54 mm,找正、夹紧。

(3) 粗、精车端面 A,至图样表面粗糙度值 $Ra 6.3 \mu m$。

(4) 粗、精车外圆,至图样尺寸精度 $\phi 50_{-0.05}^{0}$,表面粗糙度值 $Ra=6.3\mu m$,长度 51~52 mm,倒角 $C1$。

(5) 调头,垫铜皮装夹至 $\phi 50_{-0.05}^{0}$ mm 处,装夹长度 15~20 mm,找正、夹紧。

(6) 车端面 B，控制总长(50±0.2)mm，表面粗糙度值 $Ra6.5\mu m$。

(7) 钻中心孔，定位。

(8) 钻 $\phi 18mm$ 通孔。

(9) 顺时针方向转动小滑板 $\alpha/2$，粗车、半精车锥孔，用塞规检测，调整小滑板，使接触面在 50% 以上。

(10) 精车 1:7 锥孔，至 $(\phi 26±0.04)$ mm，表面粗糙度值 $Ra3.2\mu m$。

(11) 倒角，去毛刺。

(12) 检验。

5.4 偏移尾座车圆锥体

技能目标

◆ 了解偏移尾座法车圆锥体的特点。
◆ 掌握尾座偏移量的计算。
◆ 掌握尾座偏移的方法和步骤。
◆ 了解偏移尾座法车圆锥体的注意事项。
◆ 涂色检查锥体，使接触面在 60% 以上。

5.4.1 相关工艺知识

偏移尾座适用于加工锥度小、锥形部分较长的工件。采用偏移尾座法车外圆锥面须将工件装夹在两顶尖间，把尾座上滑板横向偏移一个距离 S，使工件的回转轴线与车床主轴轴线相交一个角度，其大小等于圆锥半角 $\alpha/2$（见图 5-12）。由于刀具是由床鞍带动沿平行于主轴轴线纵向进给移动的，工件装夹在横向偏移距离为 S 尾座的两顶尖间，工件就被加工成一个圆锥体。

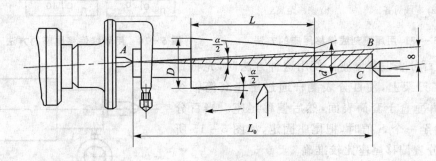

图 5-12 偏移尾座法车圆锥体

1. 偏移尾座法车圆锥体的特点

(1) 适宜于加工锥度较小、精度要求不高、锥体较长的工件。

(2) 可以采用纵向机动进给，使表面粗糙度值 Ra 减小，圆锥的表面质量较好。

(3) 由于工件装夹在两顶尖间进行车削，所以不能车圆锥孔及整体圆锥。

(4) 因为顶尖在中心孔中是歪斜的，所以顶尖与中心孔接触不良，磨损不均匀，故可采用球头顶尖或 R 型中心孔。

2. 尾座偏移量 S 的计算

用偏移尾座法车削圆锥时,尾座的偏移量不仅与圆锥长度有关,而且还与两顶尖的距离有关,这段距离一般可近似看做工件全长 L_0。尾座偏移量 S 可以根据下列近似公式计算。

$$S = \frac{D-d}{2L}L_0 = \frac{C}{2}L_0$$

式中,S——尾座偏移量(mm);

D——圆锥大端直径(mm);

d——圆锥小端直径(mm);

L——工件圆锥部分长(mm);

L_0——工件总长(mm);

C——锥度。

3. 偏移尾座的方法

(1) 用尾座的刻度偏移。偏移时,松开尾座紧固螺母,用六角扳手转动尾座上层两侧螺钉,如图 5-13 所示。按尾座刻度,把尾座上层移动一个 S 距离,再拧紧尾座紧固螺母,这种方法比较方便,一般尾座上有刻度的车床都可以采用。

(2) 用划线法(无刻度尾座)。在尾座后面涂一层白粉,用划针划上 00 刻线,如图 5-14 所示,再在尾座下层画一条 a 线,使 oa 等于 S,然后偏移尾座上层,使 o 与 a 对齐,即偏移了一个 S 的距离。

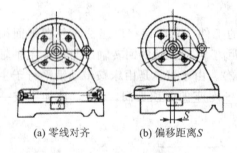

(a) 零线对齐　　(b) 偏移距离 S

图 5-13　用尾座刻线偏移尾座的方法

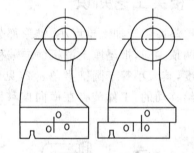

图 5-14　用划线偏移尾座的方法

(3) 用百分表偏移尾座。使用这种方法时,先将百分表固定在刀架上,使百分表测杆通过尾座套筒轴线的水平面,并垂直于套筒表面,然后偏移尾座。当百分表指针转动至一个 S 值时,把尾座固定,如图 5-15 所示,利用百分表偏移尾座比较准确。

(4) 用锥度塞规或样件偏移尾座。先把锥度塞规或样件装夹在两顶尖之间,在刀架上装一个百分表,使百分表的测量头过工件的轴线(即对准工件的回转轴线),且垂直于工件的接触表面。然后偏移尾座,纵向移动床鞍,使百分表在工件两端的读数一致,固定尾座即可。使用这种方法偏移尾座,选用的锥度塞规或样件总长应与所加工工件的总长相等,如图 5-16 所示。

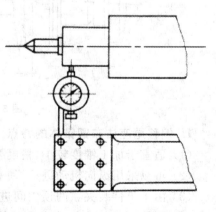

图 5-15　用百分表偏移尾座的方法

否则,加工出的锥度是不准确的。

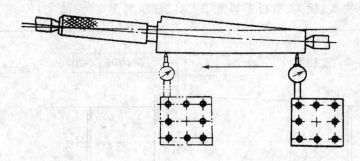

图 5-16 用锥度塞规偏移尾座的方法

无论采用哪种方法偏移尾座,都有一定的误差,必须通过试切,逐步修正,从而达到比较精确的偏移量,才能满足工件的要求。

4. 工件的装夹

(1) 用两顶尖间装夹工件时,尾座套筒伸出量一般小于套筒总长的一半,以提高装夹刚度。

(2) 两中心孔内须加润滑脂(黄油)。

(3) 工件在两顶尖间的松紧程度要适当,一般以手不用力能拨动工件,工件无轴向窜动为宜。

5. 工件的车削与尺寸的控制

(1) 外圆锥面的粗车,选择好合适的切削用量,粗车外圆锥面。此时,可以采用自动进给。检测圆锥角的方法与转动小滑板车外圆锥面的检测方法一样。若锥度 C 偏大,则说明尾座偏移量 S 过大,需要反向偏移尾座。若锥度 C 偏小,则说明尾座偏移量 S 过小,需要同向偏移尾座。反复调整,直至圆锥角度正确为止。然后粗车,留有 0.5~1 mm 的精车余量。

(2) 精车外圆锥面,用锥度界限套规,通过计算法确定背吃刀量 a_p。自动进给精车外圆锥面至尺寸。

> **注意事项**
>
> - 两顶尖间装夹工件,其刚度较弱,粗车时,切削用量不易选得太大。
> - 应首先找正锥度,应选小的背吃刀量,以防止因背吃刀量过大而使工件报废。
> - 随时注意两顶尖间的松紧程度和前顶尖的磨损情况,以防止工件飞出伤人。
> - 偏移尾座时,要耐心、细致地调整。
> - 注意工件总长 L_0 对锥度 C 的影响。
> - 最好采用球面顶尖支顶。

5.4.2 技能训练

按如图 5-17 所示工件进行技能训练。

1. 工艺准备

(1) 材料　45 圆钢,下料尺寸 $\phi 35$ mm×135 mm。

(2) 刀具　外圆车刀、45°弯头刀、中心钻。

(3) 量具 游标卡尺、0～25 mm 外径千分尺、C=1∶10 锥度套规。
(4) 工具 钻夹头、顶尖、活扳手等常用工具、显示剂。

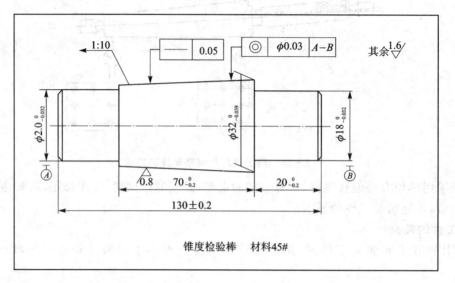

图 5－17 偏移尾座车圆锥体

2. 操作过程

(1) 检查毛坯。
(2) 用三爪自定心卡盘夹持工作毛坯表面,找正,夹紧,伸出长度约为 60～70 mm。
(3) 粗、精车端面,钻中心孔。车外圆直径 $\phi 33$ mm,长度 60～70 mm 的装夹台阶。
(4) 调头 $\phi 33$ mm×60 mm 装夹台阶,并找正,粗、精车另一端面,定总长(130±0.2)mm,并钻出中心孔。
(5) 两顶尖间装夹工件,粗车 $\phi 32_{-0.039}^{0}$ mm、$\phi 20_{-0.032}^{0}$ mm、$\phi 18_{-0.032}^{0}$ mm,外圆各留工序余量 1 mm,车至各长度尺寸。
(6) 精车 $\phi 20_{-0.032}^{0}$ mm、$\phi 18_{-0.032}^{0}$ mm 外圆至要求,保证表面粗糙度值 $Ra3.2\mu m$,倒角 $C1$。
(7) 根据计算出的尾座偏移量,偏移尾座,粗车、半精车 1∶10 锥体,检查、测量、修正偏移量,涂色法检查接触面达 50% 以上。
(8) 精车 1∶10 锥体,控制 $\phi 32_{-0.039}^{0}$ mm 尺寸精度和锥体部分表面粗糙度值 $Ra1.6\mu m$。

5.5　铰圆锥孔

技能目标

◆ 了解锥形铰刀的特点。
◆ 掌握钻—铰锥孔的方法。
◆ 掌握钻—车—铰锥孔的方法。
◆ 懂得铰锥孔时切削用量的选择。

5.5.1　相关工艺知识

在加工直径较小的内圆锥孔时,因为刀杆刚性差,用车削的方法直接车削内圆锥孔难以达到较高的精度和较小的表面粗糙度值,这时可选用锥形铰刀加工。用铰削方法加工的锥孔表面粗糙度和尺寸精度比车削加工的高,且操作简单、方便。

1. 锥形铰刀

锥形铰刀一般分精铰刀(见图 5 - 18(a))和粗铰刀(见图 5 - 18(b))两种。粗铰刀的槽数比精铰刀少,容屑空间大,对排屑有利。粗铰刀的切削刃上有一条螺旋分屑槽,把原来很长的切削刃分割成若干段短切削刃。切削时,把切屑分成几段,使切屑容易排出。精铰刀做成锥度很正确的直线刀齿,并留有很小的棱边(0.1~0.2 mrn),以保证铰孔的质量。

(a) 精铰刀　　　　　　　　(b) 粗铰刀

图 5 - 18　锥形铰刀

2. 铰内圆锥孔的方法

铰内圆锥孔的方法,根据锥孔直径大小、锥度大小和精度高低不同,铰内圆锥孔可分为:

(1) 钻—车—铰内圆锥孔。当内圆锥孔的直径和锥度较大,且有较高的位置精度时,可以先钻底孔,然后粗车成锥孔,并在直径上留有 0.1~0.2 mm 的铰削余量,再用精铰刀铰削。

(2) 钻—铰内圆锥孔。当内圆锥孔的直径和锥度较小时,可以先钻出中心孔定位,再用钻头钻底孔,锥形粗铰刀铰孔留有一定的余量。最后,用锥形精铰刀铰削成形。

(3) 钻—扩—铰内圆锥孔。当内圆锥孔直径较小,长度较长,锥度较大,并有一定的位置精度要求时,可以先用中心钻钻出定位孔,用钻头钻底孔,用钻头扩台阶孔以减小铰削余量,然后再用锥形粗铰刀粗铰,最后用锥形精铰刀精铰成形。

3. 铰内锥孔时切削用量和切削液的选择

铰内锥孔时,参加切削的切削刃长,切削面积大,排屑困难,所以要选择较小的切削用量。切削速度一般选 5 m/min 以下,进给量根据铰刀锥度的大小来选择。如铰莫氏锥孔时,钢件进给量一般选 0.15~0.30 mm/r,铸铁件进给量为 0.3~0.5 mm/r,且进给量要均匀。

铰内圆锥孔必须浇注充足的切削液,以提高锥孔的表面粗糙度值。铰钢件可选择乳化液或切削液,铰合金钢或低碳钢时可选择植物油,铰铸铁件时可选择煤油或柴油。

> **注意事项**

- 铰内圆锥孔时,首先要检查铰刀刃口是否完好无损。
- 检查装在尾座套筒内的锥形铰刀的轴线是否与主轴轴线重合。
- 铰内锥孔时要求孔内清洁、无切屑,且有较高的表面粗糙度值。
- 在铰削过程中,除了选择合理的切削用量,充足的切削液外,还应常退出铰刀,清除切屑,以防切屑过多使铰刀在铰孔过程中卡住,造成工件报废或损坏铰刀。
- 车床主轴只能正转,不能反转,否则会使切削刃损坏。
- 若碰到铰刀锥柄在尾座套筒内打滑旋转,必须立即停机,决不能用手抓,以防伤手。
- 手动进给应慢而均匀,绝不能忽快忽慢。
- 铰孔完毕后,应先退铰刀后停机。
- 铰刀用毕后要清除切屑,擦洗干净,然后涂上防锈油,放入盒内。

- 铰刀用钝后,需用刀具磨床刃磨,不能自己修磨或用磨石研磨刃带。

5.5.2 技能训练

按如图 5-19 所示工件进行技能训练。

1. 工艺准备

(1) 材料 45 钢,下料尺寸 $\phi 42\text{mm} \times 60\text{ mm}$。

(2) 刀具 外圆车刀,45°弯头车刀,中心钻,$\phi 8.6\text{mm}$、$\phi 10.5\text{mm}$、$\phi 14\text{mm}$、$\phi 19\text{mm}$ 钻头,Morse No.2、3 1∶50,($\phi 10\text{mm}$、$\phi 12\text{mm}$)铰刀,车孔刀等。

(3) 量具 游标卡尺、外径千分尺(25~50 mm)、相应的锥度量规、显示剂。

(4) 工具 钻夹头、划线盘、活扳手等常用的工具。

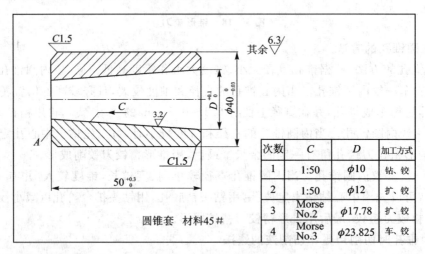

图 5-19 铰圆锥孔

2. 操作过程

(1) 检查毛坯尺寸。

(2) 装夹毛坯外圆,伸出长度 52~54 mm,找正,夹紧。

(3) 粗、精车 A 面,至图样表面粗糙度要求 $Ra6.3\mu m$。

(4) 粗、精车外圆,至图样尺寸精度 $\phi 45_{-0.03}^{0}\text{ mm}$,表面粗糙度值 $Ra6.3\mu m$,长度 51~52 mm,倒角 C1.5。

(5) 调头,垫铜皮装夹 $\phi 40_{-0.03}^{0}$ mm,装夹长度 15~20 mm,找正,夹紧。

(6) 车端面,控制总长 $\phi 50_{0}^{+0.3}$ mm,表面粗糙度值要求 $Ra6.3\mu m$。

(7) 钻中心孔,定位。

(8) 钻 $\phi 8.5$ mm 通孔。

(9) 粗铰 1∶50 锥孔。

(10) 精铰 1∶50 锥孔至图样尺寸精度要求,倒角。

(11) 用扩孔、铰孔的方法完成第 2、3 次练习。

5.6 车锥齿轮坯

技能目标
◆ 了解锥齿轮的用途和技术要求。
◆ 掌握锥齿轮坯车削方法和步骤。
◆ 巩固游标万能角度尺的具体使用方法。
◆ 能进行锥齿轮坯车削时合理的工艺分析。

5.6.1 相关工艺知识

1. 锥齿轮的作用和技术要求

锥齿轮主要用于相交成任意角度(主要是垂直相交)两轴间的变速、变向和动力传递,它是一种比较典型的圆锥工件。车削锥齿轮坯时,要达到如下的技术要求。

(1) 锥齿轮坯的内孔与轴要配合使用,需要满足一定的尺寸精度、形状精度和表面粗糙度,一般要达到 IT7 公差等级。

(2) 锥齿轮坯的内孔轴线与基准平面保证较高的垂直度。

(3) 锥齿面对内孔轴线的圆跳动量应满足图样要求。

(4) 锥度角正确。

2. 车锥齿轮坯的方法

锥齿轮坯的车削,需要满足尺寸精度、表面粗糙度和角度精度是一方面。另一方面,还需要满足形位精度,即轴颈端面和内孔轴线垂直度,锥齿面与内孔轴线的跳动度都应符合要求。因此,在加工时要让轴颈端面、内孔、锥齿面尽可能在一次装夹的过程中加工完毕。

(1) 先半精车锥齿轮的轴颈(注意长度留有装夹台阶和切断刀量)并钻好孔,一般比内径小 1～2 mm 的加工余量。

(2) 车锥齿轮大端直径留 1～2 mm 的加工余量。

(3) 调头,装夹已加工轴颈,找正,平端面(注意长度方向尺寸),精车锥体大端至尺寸。

(4) 转动小滑板车削,加工锥齿轮坯一般要转 3 个角度,由于圆锥的角度标注方法不同,小滑板有时不能按图样上所标注的角度去直接转动,必须要经过换算。换算原则是通过图样上所标注的角度,换算出圆锥面母线与车床主轴轴线的夹角 $\alpha/2$,也就是小滑板应该转过的角度。

(5) 车锥齿面角

车锥齿面角 $45°17'50''$,车至圆锥面的长度,如图 5 - 20(a)所示。

① 小滑板应逆时针方向转过 $45°17'50''$。

② 用游标万能角度尺或样板测量(见图 5 - 21 和图 5 - 22)。

此角是锥齿轮坯齿面半角,很重要,一定要测量正确,否则影响锥齿轮的精度。测量时应注意测量基准的选择,注意游标万能角度尺的读数和被测角度间的关系。

(6) 车削齿背角

① 小滑板应顺时方向转过 $47°$车削,如图 5 - 20(b)所示。注意车到与齿轮锥面交点的外径上约留 0.1 mm 的宽度。如果图样上不注明齿背角度数,其数值为 $90°$减去锥度半角,即是

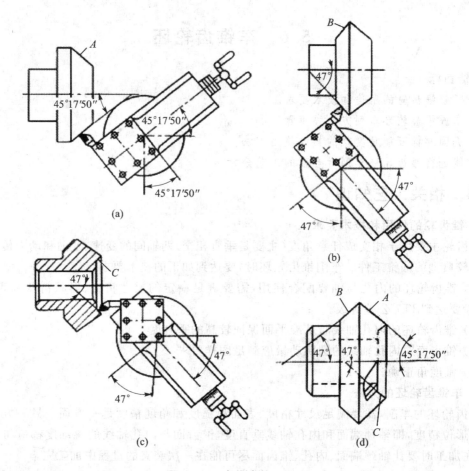

图 5-20 车锥齿轮坯示

小滑板顺时针方向要转的角度。

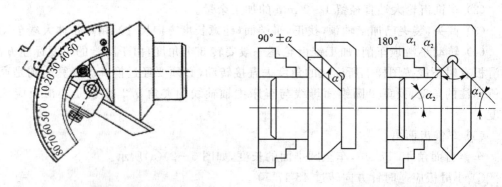

α_1—齿面角；α_2—齿背角

图 5-21 用游标万能角度尺测量齿面锥角　　图 5-22 用样板测量锥齿轮角度

② 用游标万能角度尺或样板测量，如图 5-21 和图 5-22 所示。游标万能角度尺的读数应为：$180°-45°17'50''-47°=87°42'10''$。

（7）车内斜面。小滑板顺时针方向转 47°，注意车刀位置，如图 5-20(c)所示。

（8）车内孔应达到图样要求。

(9) 单件生产时,把锥齿轮坯的表面全部精车好之后,按长度方向的尺寸要求切下来,数量较多或成批生产时,用心轴装夹,精车轴颈直径和轴颈处的端面,并去毛刺。

(10) 用辅助刻线。

当齿轮的圆锥半角大于小滑板转盘上刻度值时(一般小滑板转盘刻度自 0 位起左右各刻 50°),如加工一圆锥半角为 70°的工件,而刻度板只有 50°,这时可以用划辅助刻线的方法,就是先把小滑板转过 50°(见图 5-23(a)),然后对准中滑板零位线划一条辅助刻线,根据这条辅助刻线,小滑板再转过 20°(见图 5-23(b)),这样小滑板就转过了 50°+20°=70°。

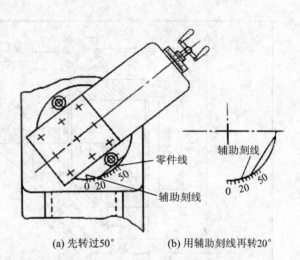

(a) 先转过50°　　(b) 用辅助刻线再转20°

图 5-23　用辅助刻线转动小滑板

注意事项

- 注意工件的装夹方法、车削方法,车削时工艺基准的选择。
- 注意粗、精加工时切削用量的选择。
- 车齿面角、齿背角时,注意小滑板转动角度的方向。
- 注意车刀几何角度的选择和刀具装夹位置的合理安装。
- 注意小滑板行程位置是否合理、安全。
- 注意锥度角度的正确测量。

5.6.2　技能训练

根据图 9-24 进行技能训练。

1. 工艺准备

(1) 材料　HT150,毛坯尺寸 $\phi 95$ mm×45 mm。

(2) 刀具　90°外圆偏刀、车孔刀、30 mm 钻头、45°弯头车刀。

(3) 量具　游标万能角度尺,磁性表座,杠杆百分表,游标卡尺,25～50 mm、75～100 mm 外径千分尺,18～36 mm 内径量表,深度游标卡尺等。

(4) 工具　活扳手、划线盘等常用的工具。

2. 操作过程

(1) 检查毛坯尺寸。

(2) 夹住 $\phi 95$ mm 毛坯外圆,找正,夹紧。

(3) 粗、精车端面,保证端面表面粗糙度值 $Ra3.2 \mu m$,钻 $\phi 30$mm 孔。

(4) 粗、精车外圆 $\phi 56$mm,长 16 mm 及倒角为 $C1$。

(5) 调头夹住 $\phi 56$mm,长 12 mm 左右,用杠杆百分表校正反平面,平面跳动量不大于 0.02 mm,并夹紧。

(6) 粗、精车总长至 38 mm 及外圆 $\phi 88.035_{-0.1}^{0}$mm。

(7) 逆时针方向转动小滑板 45°17′55″,车削齿面角,并控制斜面长。

(8) 小滑板复位再顺时针方向旋转 47°车齿背角及内斜面,深 6 mm。

(9) 粗、精车内孔至尺寸 $\phi 34^{+0.039}_{0}$ mm,倒角 C1。

(10) 检测。

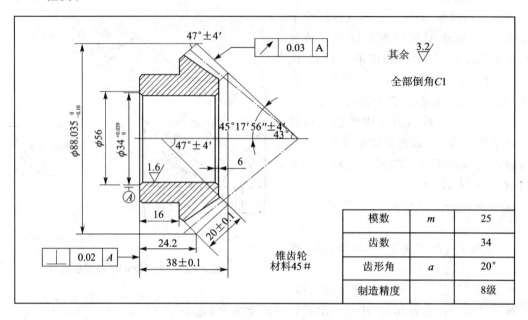

图 5-24 车锥齿轮坯

5.7 车 V 带轮

技能目标

◆ 了解 V 带的种类和角度。

◆ 懂得 V 带轮的主要技术要求。

◆ 掌握 V 带轮的车削方法和步骤。

◆ 学会 V 带轮梯形槽的测量方法。

5.7.1 相关工艺知识

1. V 带的种类和角度

V 带轮是通过 V 带传递动力的,由于它摩擦因数大,传递功率较大,是目前皮带传动中使用最广泛的一种,根据国家标准(GB/T 11544—1997),我国生产的 V 带共分 Y、E、A、B、C、D、E 七种型号(旧标准 GB/T 1171—1974,V 带分 O、A、B、C、D、E、F 七种型号),而线绳结构的 V 带,目前主要生产的有 Y、Z、A、B 四种型号。Y 型 V 带的节宽、顶宽和高度尺寸最小(即截面最小),E 型的节宽、顶宽和高度尺寸最大(即截面积最大)。V 带在自由状态下,其断面形状为 40°梯形。但在工作状态下,V 带与带轮接触的部分,带外圈处受拉力,宽度变窄;内圈受压缩力,宽度变宽。这样,带两侧的夹角变小。所以在同一根 V 带传动下,由于带轮直径不同,在带轮上标注的梯形槽角度也不同。

目前,生产中使用最多的 V 带是 Z、A、B 三种型号。

2. V带轮的主要技术要求

(1) V带轮梯形沟槽与内孔同轴,否则皮带轮转动时,V带时松时紧,会产生噪声和引起动力传递不均而振动。

(2) 相同的几条梯形沟槽应要求宽度、深度一致,以免带传动时出现带松、带紧使V带容易损坏和造成动力传递不足。

(3) 内孔有较高的尺寸精度、形状精度和较小的表面粗糙度值。

(4) 梯形外沟槽两侧面有适当的表面粗糙度,一般为 $Ra1.6\ \mu m$。表面粗糙度值过大,传动带磨损较快;过小,传动带易打滑。

(5) 梯形外沟槽的对称平面应垂直于V带轮轴线。

3. V带轮的车削方法

(1) 粗车成形,即外圆、内孔和平面先粗车,留一定的精车余量。

(2) 在粗车好的外圆柱表面用尖刀划出梯形槽槽顶宽、槽底宽线痕来控制槽距位置。

(3) 较大的梯形沟槽,一般先根据划出的槽顶、槽底宽,车出相应宽度的直槽,再用成形梯形刀修整,如图5-25所示。

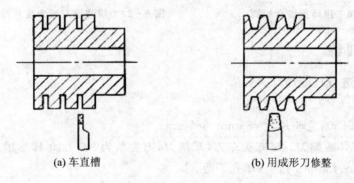

(a) 车直槽　　　　　　　(b) 用成形刀修整

图 5-25　车 V 带轮梯形沟槽

(4) 尺寸较小的梯形沟槽,一般用成形刀车成形。

(5) 梯形槽成形车刀。梯形槽的形状精度、角度和表面粗糙度受梯形槽成形车刀的几何形状和其装夹等方式的影响。精度要求较高的梯形槽车刀,需在刀具磨床上刃磨成形,精度要求一般的梯形槽车刀,可借助样板或者游标万能角度尺手工刃磨成形。要求两侧切削刃直线度要求高,其刀尖角等于V形槽夹角,前、后刀面粗糙度值要小(刃直、面平、角度正确)。装刀时应与梯形样板或游标万能角度尺配合,采用透光法装夹刀具,使其对称平面垂直于轴线。

(6) 梯形沟槽的测量方法:

① V带轮梯形沟槽:使用样板以透光法综合检测,如图5-26所示。较理想的检测方法是使用双联样板车削和检测,以确保V形槽的尺寸精度和形状位置精度。

② 梯形沟槽半角误差可用游标万能角度尺测量,如图5-27所示。

> **注意事项**
>
> ● 为保证V带轮梯形外沟槽与圆柱孔同轴,应特别注意加工工艺的安排。车削时应先粗车端面、外圆和内孔,并留有一定的精加工余量。然后粗、精车梯形槽,最后精车端面、外圆和内孔至图样要求。

- 用梯形成形刀车削梯形沟槽时,切削力较大,最好用回转顶尖支顶工件,否则工件容易移位而影响同轴度。
- 左右借刀车沟槽时,应注意槽距的位置偏差。
- 装夹梯形沟槽车刀时,刀头不易太长,刀尖角平分线应垂直于工件轴线。
- 用样板测量梯形槽时必须通过工件中心。
- 用样板或游标万能角度尺测量梯形槽时应注意槽口毛刺对测量精度的影响。

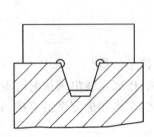

图 5-26 用样板综合检测

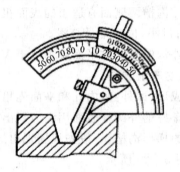

图 5-27 用游标万能角度尺检测

5.7.2 技能训练

根据图 5-28 进行技能训练。

1. 工艺准备

(1) 材料　HT150,毛坯尺寸 $\phi 85mm \times 80mm$。

(2) 刀具　90°外圆偏刀,45°弯头车刀,车槽刀,刀尖角为 34°±10′梯形槽刀,刀尖角为 14°内梯形槽刀,$\phi 22mm$、$\phi 33mm$ 钻头,车孔刀等。

(3) 量具　游标卡尺,0~25 mm、25~50 mm 外径千分尺,18~36 mm 内径量表,游标万能角度尺,相应的梯形槽样板,18~36mm 内径量表。

(4) 工具　活扳手、钻夹头、回转顶尖、划线盘等常用的工具。

2. 操作过程

(1) 检测毛坯尺寸。

(2) 夹持外圆长 15~20 mm,找正并夹紧。

(3) 粗车端面及外圆 $\phi 51mm$ 至 $\phi 50mm$,长 29 mm,并在 $\phi 85mm$ 毛坯外圆处车一校正带。

(4) 调头夹持 $\phi 51mm$ 外圆处,找正并夹紧。

(5) 粗车端面,保证总长为 71 mm。

(6) 粗车、半精车外圆至 $\phi 75_{-0.1}^{0}mm$。

(7) 钻中心孔定位,钻 $\phi 22mm$ 通孔。

(8) 用尖刀与小滑板刻度盘相配合,在 $\phi 75_{-0.1}^{0}mm$ 外圆注上划出梯形沟槽中心线痕,并控制槽距,或者通过计算,得出梯形沟槽槽顶、槽底宽,并在 $\phi 75_{-0.1}^{0}mm$ 外径上划出相应的位置刻线(注意端面留有 0.5 mm 的精车余量)。

(9) 用宽度为 3.5 mm 的车槽刀车直槽,再用成形梯形沟槽刀车梯形沟槽至图样尺寸要求,注意用双联样板综合检测,保证 V 形槽的尺寸和位置精度。

(10) 精车端面保证总长 70.5 mm，精车外圆 $\phi75_{-0.1}^{\ 0}$ mm。

(11) 精车内孔 $\phi24_{\ 0}^{+0.021}$ mm。

(12) 粗、精车内孔 $\phi35_{\ 0}^{+0.021}$ mm，深 27 mm 至尺寸要求。

(13) 用成形内沟槽车刀车出内梯形槽至图样要求，台阶孔和孔口倒角 C1。

(14) 调头，垫铜皮夹持外圆 $\phi75_{-0.1}^{\ 0}$ mm 处，找正并夹紧，精车端面保证总长 70 mm。精车外圆 $\phi50$ mm，并控制台阶长度 40 mm。

(15) $\phi24_{\ 0}^{+0.021}$ mm 孔口及 $\phi50$ mm 外圆处倒角 C1。

(16) 检测。

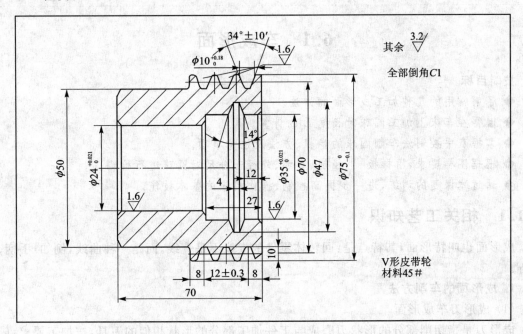

图 5-28　车 V 带轮

课题六　车成形面和表面修饰

> **教学要求**
> 1. 了解在车床上加工成形面的方法
> 2. 掌握双手控制法车削圆球的步骤及注意事项，并能正确检测

6.1　车成形面

技能目标
- ◆ 了解常用的几种加工成形面的方法。
- ◆ 懂得在车床上加工圆球时长度 L 的计算。
- ◆ 掌握双手控制法车削圆球的步骤、方法及注意事项。
- ◆ 根据图样要求，用样板、半径规、套环、外径千分尺对圆球进行检测。
- ◆ 通过本课题的训练，进一步提高控制、操作机床的基本技能。

6.1.1　相关工艺知识

成形面也叫特形面，其特点是：回转体零件的素线不是直线，而是一种曲线，例如：手柄、圆球等。

1. 成形面的车削方法

（1）成形刀车成形面

成形刀是指切削部分的形状刃磨成与工件加工部分的形状相似的刀具，按加工要求，成形刀可刃磨成多种式样，如图 6-1 所示。其加工精度主要靠刀具保证。使用成形刀车成形面时，因为切削刃接触面积大，产生的切削力大，容易引起振动，要求机床有足够的刚度，切削用量相对选得小一些，工件装夹必须牢靠。

（2）用仿形法车成形面

在车床上用仿形法车成形面的方法很多，分样板仿形法（见图 6-2(a)）和尾座靠模仿形法（见图 6-2(b)）等。样板仿形法实际上与靠模车圆锥的方法相同，只需把锥度靠板换上一个带有曲面槽的样板，并将滑块改为滚柱就行了。这种方法操作方便，生产效率高，形面正确，质量稳定。但只能加工成形面变化不大的工件，并且需要专用仿型车床或对一般车床加以改造，增加样板仿形机构，较复杂。尾座仿形装置一般车床上都能使用但操作不太方便。

（3）双手控制法车成形面

数量较少或单件成形面零件，通常采用双手控制法车成形面，即双手同时摇动小滑板和中滑板手柄，也可采用摇动床鞍和中滑板手柄，通过双手协调配合操作，使刀尖的运动轨迹与所要求的成形面曲线相仿，这样就能车出需要的成形面。

用双手控制法车成形面，首先要分析曲面各点的斜率，然后根据斜率来确定纵、横进给速度。例如车削圆球工件 a 点时（见图 6-3(a)），中滑板进给速度要慢，小滑板退刀速度要快，

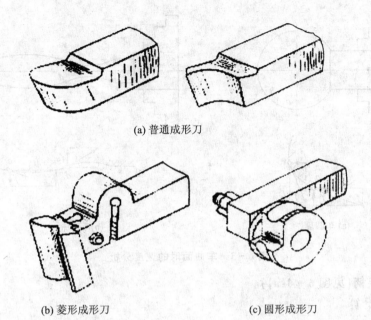

(a) 普通成形刀

(b) 菱形成形刀　　　　(c) 圆形成形刀

图 6-1　成形刀

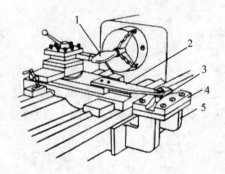
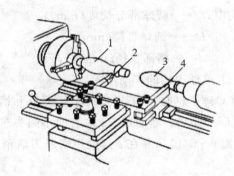

1—工件；2—连杆；3—滚柱；4—靠板；5—支架　　　1—工件；2—车刀；3—靠模；4—仿形触头

(a) 样板仿形法　　　　　　　　　　　　　　(b) 尾座靠模仿形法

图 6-2　用仿形法车削成形面

车到 b 点时，中滑板进给和小滑板退刀速度基本相等。车到 c 点，中滑板进给速度要快一些，小滑板退刀速度慢一些。小滑板退刀过程由快变慢，中滑板进给过程是由慢变快。

同理，车图 6-3(b)所示的手柄，读者可以自己进行分析。

车削曲面时，车刀最好从高处向低处进给，也可以用床鞍作自动纵向进给。中滑板向里手动配合进给，为了增加工件刚度，车削时先车离卡盘远的那一段曲面，后车离卡盘近的一段曲面。

双手控制法车削成形面的优点是：不需要其他特殊工具就能车出一般的成形面。缺点是：加工的零件精度不高，操作者必须有熟练的技巧，而且生产效率低。

另外，还有刀架仿形装置、蜗杆蜗轮式车圆弧工具、数控车床、液压仿形车床等方法。

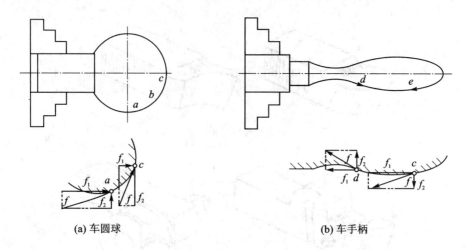

(a) 车圆球　　　　　　　　　　　(b) 车手柄

图 6-3　车曲面时的速度分析

2. 车单球手柄（见图 6-4(a)）

(1) L 长度计算

$$L=\frac{1}{2}(1+\sqrt{D^2+d^2})$$

式中，L——圆球部分长度(mm)；

　　　D——圆球直径(mm)；

　　　d——柄部直径(mm)。

(2) 单球手柄的车削步骤

车单球手柄时，一般先车圆球直径 D 和柄部直径 d 以及长度 L，留精车余量 0.1～0.2 mm（见图 6-5(a)）。然后用 $R3$ 左右的小圆头车刀从 a 点向左右方向（b 点和 c 点）逐步把余量车去（见图 6-5(b)），并在 c 点处用切断刀清角。

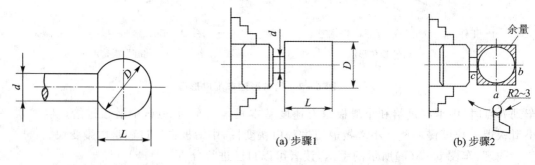

图 6-4　单球手柄 L 长计算　　　　图 6-5　单球手柄的车削步骤

(3) 修整

由于手动进给车削，工件表面往往留下高低不平的痕迹，因此必须用锉刀、砂布进行修整和抛光。

(4) 球面的测量检查

为了保证球面的外形正确，在加工过程中，操作者一般都要反复用样板、千分尺进行形状和尺寸精度的检查。用样板检验时，必须使样板的方向与工件轴线一致，并借助灯光，观察样板与工件之间的间隙大小,修整球面(见图6-6(a))。用外径千分尺检查球面直径时应通过工件中心,并多次变换测量方向,反复修整,使其测量精度在图样要求范围之内(见图6-6(b))。

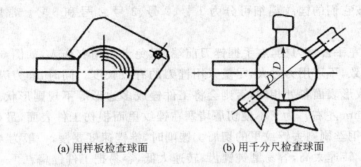

(a) 用样板检查球面　　　(b) 用千分尺检查球面

图6-6　测量球面的方法

注意事项

- 成形刀的切削刃要与工件回转中心等高。若过高则易扎刀,过低则会引起振动。必要时,可考虑将成形刀反装。此时工件反转,切削力与工件的重力方向一致,以减少振动。但须注意,卡盘的保险装置要齐全(与反切法相似)。
- 始终使切削刃保持锋利,以及选用适当的正前角。
- 切削用量应选择得小一些。
- 选择合理的切削液。车削钢件时须加乳化液,车削铸铁件时可加煤油作润滑剂。
- 双手控制法操作的关键是双手配合要协调、熟练。要求准确控制车刀的进给速度,防止将工件局部车小。
- 车削曲面时,车刀最好从曲面高处向低处送进,为了增加工件刚性,先车离卡盘远的一段曲面,后车离卡盘近的曲面。
- 装夹工件时伸出不宜太长,以增强其刚性,若工件较长,应采用一夹一顶的装夹方法。
- 对于既有直线又有圆弧的特形面曲线,应先车直线部分,后车圆弧部分。
- 用双手控制法车削复杂特形面时,应将整个特形面分解成几个简单的特形面逐一加工,其测量基准都应保持一致,并与整体特形面的基准重合。
- 注意培养目测球形的能力,不要把球面车成橄榄形或算盘珠形。

6.2　表面抛光

技能目标

◆ 了解表面抛光的目的。
◆ 掌握表面抛光的方法。
◆ 懂得表面抛光的注意事项。

6.2.1　相关工艺知识

用双手控制法车削成形面,由于手动进给不均,工件表面往往留下高低不平的痕迹,为了达到规定的表面粗糙度,工件车好以后,还需用粗锉刀仔细修整,用细锉刀修光,最后用砂布抛光。

1. 锉刀修光

锉刀一般用碳素工具钢制成。常用的锉刀,按它们的形状可分为扁锉、半圆锉、圆锉、方锉和三角锉等。而按它们的锉纹粗细可分为1号、2号、3号、4号和5号。常用的是扁锉和半圆锉。

操作时,应以左手握锉刀柄,右手握锉刀前端,以免卡盘勾衣伤人,如图6-7所示。锉削时,压力要均匀一致,不可用力过大,尽量采用锉刀的有效长度。同时,锉刀纵向运动,注意使锉刀平面始终与成形表面各处相切,否则会将工件锉成多边形等不规则形状。锉削余量不宜太多,一般为0.1mm左右。为了不使切屑堵塞在锉纹里而损伤工件表面,最好用粉笔涂在锉齿面上,并经常用钢丝刷刷去锉纹里的切屑。锉削时,推锉速度要慢,一般为40次/min左右。转速要选得合理。转速太高,容易磨钝锉齿;转速太低,容易把工件锉扁。

2. 砂布抛光图

工件经过锉削以后,还达不到要求,表面上仍有细微条痕,这时可用砂布抛光。在车床上应用的砂布一般是用刚玉砂粒制成的。根据砂粒的粗细,常用的砂布有00号、0号、1号、$1\frac{1}{2}$和2号。号数越小,颗粒越细。抛光时,可选细粒度为0号或1号的砂布。砂布越细,抛光后表面粗糙度值越小。具体方法如下:

(1) 将砂布垫在锉刀下面,采用锉刀修饰的姿势进行抛光。这样比较安全,而且抛光的工件质量较好。

(2) 用手捏住砂布两端抛光,如图6-8所示。采用此方法时,注意两手压力不可过猛。防止由于用力过大,砂布因摩擦过度而被拉断。

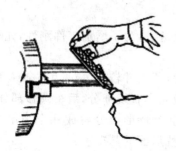

图6-7 在车床上锉削的姿势

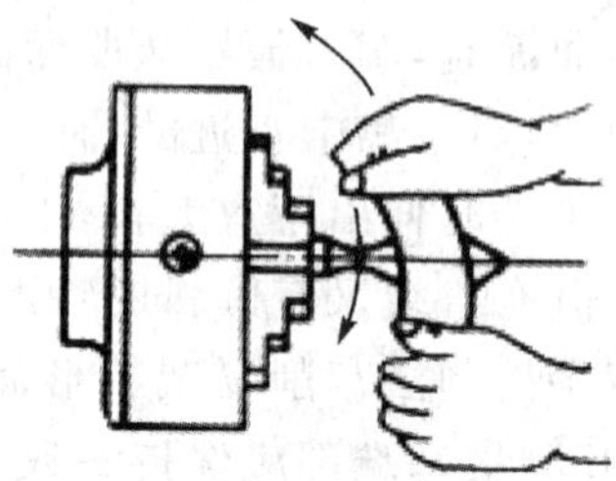

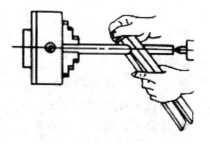

图6-8 手捏纱布抛光

3. 用抛光夹抛光

成批抛光最好用抛光夹抛光(见图6-9),将砂布垫在木制抛光夹的圆弧内,再用手捏紧抛光夹,且均匀纵向移动。也可在细砂布上加全损耗系统用油抛光。此法较手捏砂布抛光安全,但仅适用形状简单工件的抛光。

图6-9 用抛光夹抛光工件

4. 用砂布抛光内孔

经过精车后的内孔,如果孔径偏小或不够光洁,可用砂布修整或抛光。可选用图6-10(a)所示的比孔径小的抛光木棒,把撕成条状的砂布一端绕在木棒上,然后放进孔内抛光。操作时,左手在前握棒,并用手腕向下、向后方向施压力于工件内表面。右手在后握棒,并用手腕沿顺时针方向(即与工件旋面相反)匀速转动,同时两手协调沿纵向均匀移动,以求抛光整个内孔(见图6-10(b))。孔径大的工件也可用手捏住砂布抛光,小孔绝不能把砂布绕在手指上去抛光,以防发生事故。

用砂布进行抛光时,转速应比车削时选得高一些,并且砂布压在工件被抛光的表面上缓慢地均匀移动,若在砂布和抛光表面适当加入一些全损耗系统用油,可以达到更佳的表面粗糙度。

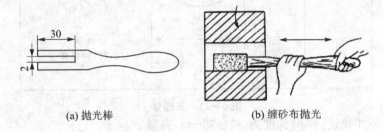

(a) 抛光棒　　(b) 缠砂布抛光

图 6-10　用抛光棒抛光工件

注意事项

- 不使用无木柄的锉刀,以防事故的发生。
- 锉削时,用左手握锉刀柄部,右手捏锉刀前端,避免卡盘勾衣伤人。
- 为了防止锉屑散落床面,影响床身导轨精度,应垫护床板或护床纸。
- 用锉刀锉削弧形工件时,锉刀的运动要绕弧面进行,如图6-11所示。
- 锉削时,锉刀行程要平稳,用力不能过猛,同时必须注意避免手与卡盘相碰。
- 用砂布抛光,不准把砂布缠在工件和手指上进行抛光。
- 锉削时,主轴转速不宜太高,一般切削速度为 15~20 m/min。
- 为防止锉屑嵌入锉齿而拉毛工件表面,锉削前应在锉刀上涂粉笔。锉削一段时间后,用钢丝刷子顺着锉刀齿纹将锉屑刷去。

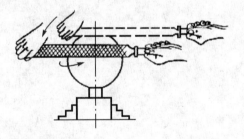

图 6-11　滚动法修整弧形曲面

6.2.2　技能训练

按图6-12所示工件进行技能训练。

1. 工艺准备

(1) 材料　45钢,下料尺寸 $\phi 42\text{mm} \times 70\text{ mm}$。

(2) 刀具　外圆车刀、45°弯头车刀、车槽刀、圆头刀。

(3) 量具　游标卡尺 0~25 mm、外径千分尺 20~50 mm、半径规。

(4) 工具　锉刀、砂布等常用工具。

2. 操作过程

(1) 检查毛坯。

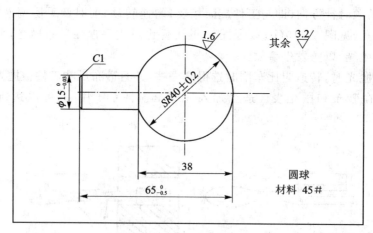

图 6-12 车圆球

(2) 装夹毛坯并找正,伸出长度为 30～35mm,夹紧。

(3) 粗、精车端面,粗精车 $\phi 15_{-0.03}^{0}$ mm 外圆,长 27 mm,至图样尺寸精度和表面粗糙要求,倒角 C1。

(4) 调头,垫入铜皮,装夹 $\phi 15_{-0.03}^{0}$ mm 外圆。粗、精车端面,定总长 $65_{-0.5}^{0}$,车外圆 $\phi 40 \pm 0.2$ mm 处,留工序余量 1 mm,长 38 mm。

(5) 用圆头车刀双手联动粗车,半精车圆球 $(SR40 \pm 0.2)$ mm,留工序余量 0.1 mm。

(6) 用锉刀、砂布修饰圆球至图样尺寸精度和表面粗糙度要求。

课题七　复合作业(一)

> **教学要求**
>
> 　　复合作业的目的是使学生巩固、熟练、提高在各课题学习时所获得的工艺知识和操作技能，并把这些知识和技能综合、连贯起来，达到更高的程度。

　　选择复合作业的工件时，应该考虑下列要求：

　　1. 工件应当符合实习教学要求，即工件加工中应包括已经学过的课题内容，而且外形尺寸不要过大，形状不复杂，加工精度和表面粗糙度也要适宜。

　　2. 实习用的工件应当是有经济价值的生产品。

　　3. 应当选择材料、形状和加工复杂程度不相同的工件。

　　4. 工件的特点应能使学生使用各种不同的车削方法。

　　5. 工件应该是典型的或本企业中常见的零件。

　　6. 应当选用成批量的零件，其目的是提高学生的操作熟练程度和逐步养成成批生产的习惯。

　　7. 工件的毛坯应当具有标准(合理)的加工余量。

　　8. 对工件的加工，应当规定工时定额。

　　9. 所选用的工件，应当有样品、工作图、工艺卡等技术资料。

实习教学要求：

　　1. 通过复合作业的练习，要求进一步巩固、熟练、提高内外圆、阶台、沟槽车削的操作技能。

　　2. 操作内容要包括在三、四爪卡盘和一夹一顶、两顶间装夹工件；车削无台阶和有台阶的外圆和端面；切直形、圆弧形槽和钻中心孔等零件。

　　3. 进行一定数量的轴类零件加工，应达到下列要求：

　　(1) 能较快地调整尾座来校正锥度。

　　(2) 了解车削轴类零件产生废品的原因和防止方法。

　　(3) 了解同轴度的意义和掌握达到同轴度的加工方法。

　　(4) 掌握检查轴类零件同轴度的方法。

　　(5) 用纵进给刻度盘控制台阶长度的方法。

　　4. 能根据零件精度的不同要求，正确选择、使用不同的量具。

　　5. 能较合理地选择切削用量，达到粗、精车有明显区别。

　　6. 巩固硬质合金刀的刃磨和使用技能。

　　7. 巩固刃磨内、外圆车刀、切槽刀和麻花钻的技能。

　　8. 按图样进行单件和小批生产，根据工厂的相同条件，完成工人工时定额的四分之一。

　　9. 养成对工件去毛刺、倒角的习惯。

7.1.1 复合作业一:锥轴

加工如图 7-1 所示的锥轴。

1. 计划工时:4 小时

材料:45♯钢,未热处理。

2. 技术要求

(1) 锐边倒钝 C0.5。

(2) 未注公差按 IT10。

(3) 端面不许留凸台。

3. 加工步骤

(1) 检测毛坯尺寸 $L102 \times D32$。

(2) 三爪卡盘夹持零件伸出约 65 mm 长并找正。

(3) 车削外圆 $D30 \times 56$。

(4) 车削台阶 26×38。

(5) 切槽 3×5。

(6) 倒角。

(7) 调头,垫铜皮夹持 $D26 \times 38$ 外圆,并找正,$D30$ 外圆跳动不大于 0.1。

(8) 车削台阶外圆 $D26 \times 47$,并控制总长 100。

(9) 车削锥度 6°。

(10) 倒角 $C0.5$。

(11) 自检。

(12) 交检。

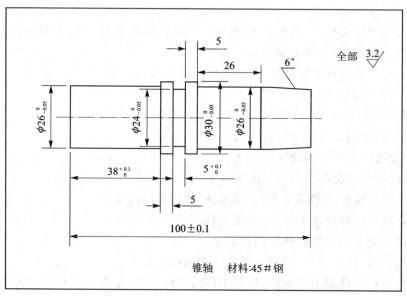

图 7-1 锥轴

7.1.2 复合作业二:变速手柄轴

加工如图7-2所示的变速手柄轴。

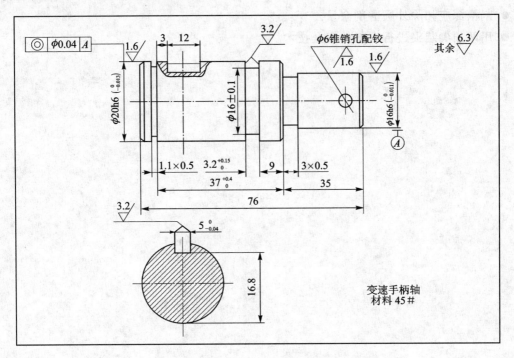

图7-2 变速手柄轴

加工条件:每批数量为20~40件,毛坯尺寸$\phi24\times79$(锯件),设备C618。

车削步骤:

1. 三爪卡盘装夹毛坯外圆,伸出45,找正。
(1) 车平面,车平即可。
(2) 车大外圆至$\phi22$,长至卡爪。
(3) 钻$\phi2$的中心孔。

2. 工件调头装夹,找正。
(1) 车平面保持总长76。
(2) 钻$\phi2$的中心孔。
(3) 车台阶外圆至$\phi18$,长34。

3. 两顶尖间装夹。
(1) 半精车台阶外圆$\phi16^{+0.40}_{+0.30}$,长35。
(2) 割退刀槽3×0.5,台阶外圆倒角$1.2\times45°$。

4. 工件调头在两顶尖间装夹。
(1) 车大外圆$\phi20^{+0.4}_{+0.3}$;
(2) 割中间槽宽$3.2^{+0.15}_{0}$,底径$\phi16\pm0.1$,保持尺寸9;
(3) 割头部槽1.1×0.5,大外圆倒角$1.2\times45°$。

5. 检查。

注意事项

- 割槽深应扣除外圆磨削余量。
- 用两顶尖装夹进行车削的安全技术。

课题八　车削内、外三角形螺纹

> **教学要求**
> 1. 了解三角形螺纹车刀的几何形状、角度要求及刃磨方法
> 2. 掌握内外三角形螺纹的车削方法及在车床上套、攻螺纹方法
> 3. 掌握用板检查、修正刀尖角的方法

8.1　内外三角形螺纹车刀的刃磨

技能目标
- ◆ 了解三角形螺纹车刀的几何形状和角度要求。
- ◆ 掌握三角形螺纹车刀的刃磨方法和刃磨要求。
- ◆ 掌握用板检查、修正刀尖角的方法。

8.1.1　相关工艺知识

要车好螺纹,必须正确刃磨螺纹车刀,螺纹车刀按加工性质属于成形刀具。其切削部分的形状应当和螺纹牙型的轴向剖面形状相符合,即车刀的刀尖角应该等于牙型角。

1. 三角形螺纹车刀的几何角度

(1) 刀尖角应等于牙型角。车削普通螺纹时为60°,英制螺纹时为55°。

(2) 前角一般为0°～15°。因为螺纹车刀的纵向前角对牙型角有很大影响,所以精车时或精度要求比较高的螺纹,径向前角取得小些,约0°～5°。

(3) 后角一般为5°～10°。因受螺纹升角的影响,进刀方向一面的后角应磨得稍大些。但大直径、小螺距的三角螺纹,这种影响可忽略不计。

2. 三角形螺纹车刀的刃磨

(1) 刃磨要求

① 根据粗、精车的要求,刃磨出合理的前、后角。粗车刀前角大、后角小,精车刀则相反。

② 车刀的左右刀刃必须是直线,无崩刃。

③ 刀头不歪斜,牙型半角相等。

④ 内螺纹车刀刀尖角平分线必须与刀杆垂直。

⑤ 内螺纹车刀后角应适当大些。

(2) 刀尖角的刃磨和检查

由于螺纹车刀尖角要求高,刀头体积又小,因此刃磨起来比一般车刀困难。在刃磨高速钢螺纹车刀时,若感到发热烫手,必须及时用水冷却,否则容易引起刀尖退火;刃磨硬质合金螺纹车刀时,应注意刃磨顺序,一般是先将刀头后面适当粗磨,随后再刃磨两侧面,以免产生刀尖爆裂。在精磨时,应注意防止压力过大而震碎刀片,同时还要防止刀具在刃磨时骤冷骤热而损坏刀片。

为了保证磨出准确的刀尖角,在刃磨时可用螺纹角度样板测量,如图 8-1 所示。测量时把刀尖角与样板贴合,对准光源,仔细观察两边贴合的间隙,并进行修磨。

对于具有纵向前角的螺纹车刀可以用一种厚度较厚的特制螺纹样板来测量刀尖角,如图 8-2 所示。测量时样板应与车刀底面平行,用透光法检查,这样量出的角度近似等于牙型角。

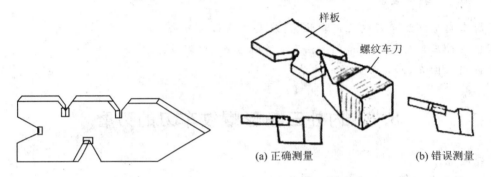

图 8-1　三角螺纹样板　　　图 8-2　用特制样板测量修正法

8.1.2　看生产实习图和确定练习件的操作步骤

根据图 8-3 看生产实习图,并确定练习件的操作步骤。

练习 8-1
操作步骤:
1. 粗磨主、副后面(刀尖角初步形成)。
2. 粗、精磨前面或前角。
3. 精磨主副后面,刀尖角用样板检查修正。
4. 车刀刀尖倒棱宽度一般为 0.1×螺距。
5. 用油石研磨。

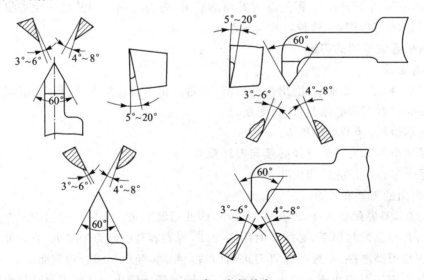

图 8-3　刃磨三角螺纹车刀

> **注意事项**
- 磨刀时,人的站立位置要正确,特别在刃磨整体式内螺纹车刀内侧刀刃时,不小心就会使刀尖角磨歪。
- 刃磨高速钢车刀时,宜选用80♯氧化铝砂轮,磨刀时压力应小于一般车刀,并及时蘸水冷却,以免过热而失去刀刃的硬度。
- 粗磨时也要用样板检查刀尖角,若磨有纵向前角的螺纹车刀,粗磨后的刀尖角略大于牙型角,待磨好前角后再修正刀尖角。
- 刃磨螺纹车刀的刀刃时,要稍带移动,这样容易使刀刃平直。
- 车刀刃磨时应注意安全。

8.2 车削三角形外螺纹

技能目标
- ◆ 了解三角形螺纹的用途和技术要求。
- ◆ 能根据工件螺距,检查车床进给箱的铭牌表及调整手柄位置和挂轮。
- ◆ 能根据螺纹样板正确装夹车刀。
- ◆ 掌握用直进法、左右切削法车削三角螺纹的方法,要求收尾长不超过三分之二圈。
- ◆ 熟记第一系列 M6～M24 三角形螺纹的螺距。
- ◆ 掌握运用倒顺车车削三角形螺纹的方法。
- ◆ 能判断螺纹牙形、底径、牙宽的正确与否并进行修正,熟练掌握中途对刀的方法。
- ◆ 掌握用螺纹环规、螺纹千分尺测量三角形螺纹的方法。
- ◆ 正确使用冷却液,合理选择切削用量。
- ◆ 巩固提高三角形螺纹车刀的刃磨和修正方法。
- ◆ 掌握左螺纹的车削方法。

8.2.1 相关工艺知识

在机械制造业中,三角形螺纹应用很广泛,常用于连接、紧固;在工具和仪器中还往往用于调节。三角形螺纹的特点是螺距小,一般螺纹长度较短。其基本要求是,螺纹轴向剖面牙型角必须正确,两侧面表面粗糙度小;中径尺寸符合精度要求;螺纹与工件轴线保持同轴。

1. 螺纹车刀的装夹

(1) 装夹车刀时,刀尖位置一般应对准工件中心(可根据尾座顶尖高度检查)。

(2) 车刀刀尖角的对称中心线必须与工件轴线垂直,装刀时可用样板来对刀,见图 8-4(a),如果车刀装歪,就会产生如图 8-4(b)所示的牙型歪斜。

(3) 刀头伸出不要过长,一般为 20～25 mm(约为刀杆厚度的 1.5 倍)。

2. 车削螺纹时车床的调整

(1) 变换手柄位置

一般按工件螺距在进给箱铭牌上找到交换齿轮的齿数和手柄位置,并把手柄拨到所需的位置上。

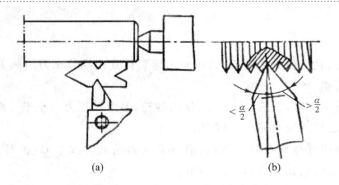

图 8-4 外螺纹车刀的位置

(2) 调整交换齿轮

某些车床按铭牌表根据所具备的齿轮,需重新调整交换齿轮。其方法如下:

① 切断机床电源,车头变速手柄放在中间空挡位置。

② 识别有关齿轮、齿数、上、中、下轴。

③ 了解齿轮装拆的程序及单式、复式交换齿轮的组装方法。

在调整交换齿轮时,必须先把齿轮套筒和小轴擦干净,并使其相互间隙要稍大些,同时涂上润滑油(有油杯的,应装满黄油,定期用手旋进)。套筒的长度要小于小轴台阶的长度,否则螺母压紧套筒后,中间轮就不能转动,开车时会损坏齿轮或扇形板。

交换齿轮啮合间隙的调整是变动齿轮在交换齿轮架上的位置及交换齿轮架本身的位置,使各齿轮的啮合间隙保持在 0.1～0.15 mm 左右;如果太紧,齿轮在转动时会产生很大的噪声并损坏齿轮。

(3) 调整滑板间隙

调整中、小滑板镶条时,不能太紧,也不能太松。太紧了,摇动滑板费力,操作不灵活;太松了,车螺纹时容易产生"扎刀"。顺时针方向旋转小滑板手柄,消除小滑板丝杠与螺母的间隙。

3. 车削螺纹时的动作练习

(1) 选择主轴转速为 200 r/min 左右,开动车床,将主轴倒、顺转数次,然后合上开合螺母,检查丝杠与开合螺母的工作情况是否正常,若有跳动和自动抬闸现象,必须消除。

(2) 空刀练习车螺纹的动作,先退刀、后退开合螺母(间隔瞬时),动作协调。

(3) 试切螺纹,在外圆上根据螺纹长度,用刀尖对准,开车并径向进给,使车刀与工件轻微接触,车出一条刻线作为螺纹终止退刀标记,如图 8-5 所示。并记住中滑板刻度盘读数,退刀。将床鞍摇至离工件端面 8～10 牙处,径向进给 0.05 mm 左右,调整刻度盘"0"位(以便车削螺纹时掌握切削深度),合下开合螺母,在工件表面上车出一条有痕螺旋线,刀螺纹终止线时迅速退刀,提起开合螺母(注意螺纹收尾在三分之二圈内),用钢直尺或螺矩规检查螺距(见图 8-6)。

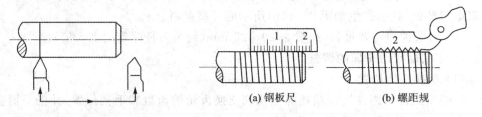

图 8-5 螺纹终止退刀标记　　　　　　　图 8-6 检查螺距

4. 车削无退刀槽的铸铁螺纹

(1) 车削螺纹前工件的技术要求

① 螺纹大径一般应车的比基本尺寸小 $0.2 \sim 0.4$ mm(约 $0.13P$),保证车好螺纹后牙顶处有 $0.125P$ 的宽度(P 是工件螺距)。

② 在车螺纹前先用车刀在工件平面上倒角至略小于螺纹小径。

③ 铸铁(脆性材料)工件外圆表面粗糙度要小,以免车削螺纹时牙尖崩裂。

(2) 车削铸铁螺纹的车刀一般选用 YG6 或 YG8 硬质合金螺纹刀。

(3) 车削方法一般用直进法车削(见图 8-7)。车螺纹时,螺纹车刀刀尖及左右两侧刀刃都参加切削工作。每次切刀由中滑板作径向进给,随着螺纹深度的加深,切削深度相应减小。这种切削方法操作简单,可以得到比较正确的牙型,适用于螺距小于 2 mm 和脆性材料的螺纹车削。

(4) 中途对刀的方法

中途换刀或车刀刃磨后需重新对刀,即车刀不切入工件而按下开合螺母,待车刀移到工件表面处,立即停车。摇动中、小滑板,使车刀刀尖对准螺旋槽,然后再开车,观察车刀刀尖是否在槽内,直至对准再开始车削。

(5) 车削铸铁螺纹时的注意事项

① 第一刀进刀要少,以后也不能太大,否则螺纹表面容易产生崩裂。

② 车削时一般不使用冷却液。

③ 切削呈碎粒,防止飞入眼睛。

④ 为了保持刀尖和刀刃的锋利,刀尖应稍倒圆角,后角可磨得大一些。

5. 车削无退刀槽的钢件螺纹(见图 8-8)

(1) 车削钢件螺纹的车刀,一般选用高速钢螺纹车刀。为了排屑顺利,磨有纵向前角。具有纵向前角的刀尖角数值可参阅表 8-1。

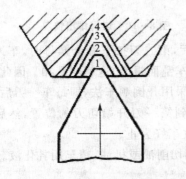

图 8-7 直进法图

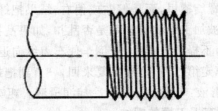

图 8-8 无退刀槽螺纹

(2) 车削方法:采用左右切削法或斜进法,如图 8-9 所示。车螺纹时,除了使用中滑板刻度控制车刀的径向进给外,同时使用小滑板的刻度,使车刀左、右微量进给(见图 8-9(a))。采用左右切削法时,要合理分配切削余量。粗车时亦可采用斜进法(见图 8-9(b)),顺走刀一个方向偏移。一般每边留精车余量 $0.2 \sim 0.3$ mm。精车时,为了使螺纹两侧面都比较光洁,当一侧面车光以后,再将车刀偏移另一侧面车削。两侧面均车光以后,将车刀移到中间,将牙底部车光或用直进法,以保证牙底清晰。精车时采用低的切削速度($v < 6$ m/min)和浅的切刀

深度($a_p<0.05$ mm)。粗车时 $v=10.2\sim15$ m/min,$a_p=0.15\sim0.3$ mm。

表 8-1 前面上的刀尖角数值

前面上刀尖角　牙型角　纵向前角	60°	55°	40°	30°	29°
0°	60°	55°	40°	30°	29°
5°	59°48′	54°48′	39°51′	29°53′	28°53′
10°	59°14′	54°16′	39°26′	29°33′	28°34′
15°	58°18′	53°23′	38°44′	29°1′	28°3′
20°	56°57′	52°8′	37°45′	28°16′	29°19′

这种切削法操作比较复杂,偏移的赶刀量要适当,否则会将螺纹车乱或牙顶车尖。它适用于低速切削螺距大于 2 mm 的塑性材料。由于车刀用单面切削,所以不容易产生扎刀现象。在车削过程中亦可用观察法控制左右微进给量。当排出的切屑很薄时(像锡箔一样,见图 8-10),车出的螺纹表面粗糙度小。

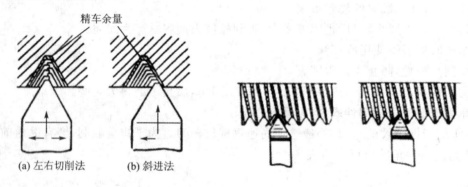

图 8-9 进给方法　　　　图 8-10 切屑排出情况

(3) 乱扣及其避免方法:在第一次进刀完毕以后,第二刀按下开合螺母时,车刀刀尖已不在第一刀的螺旋槽里,而是偏左或偏右,结果把螺纹车乱而报废,这就叫乱扣。因此在加工前,应首先确定被加工螺纹的螺距是否乱扣,如果乱扣,采用开倒顺车法,即每车一刀后,立即将车刀径向退出,不提开合螺母,开倒车使车刀纵向退回到第一刀开始切刀的位置,然后中滑板进给,再开顺车走第二刀,这样反复来回,一直到把螺纹车好为止。

(4) 润滑液:车削时必须加冷却润滑液。粗车用切削油或机油,精车用乳化液。

6. 车削有退刀槽的螺纹

有很多螺纹,由于技术和工艺上的要求,须切退刀槽。退刀槽直径应小于螺纹小径(便于螺母拧紧过槽),槽宽约等于 2~3 个螺距。螺纹车刀移至退刀槽中即退刀,并提开合螺母或开倒车。

7. 车削左螺纹

(1) 要正确刃磨左螺纹车刀,使右侧刀刃后角(进刀方向)稍大于左侧刀刃后角,左刀刃比右刀刃短一些,牙型半角仍相等,便于进刀时不碰伤左面肩部。左螺纹车刀也适用于右旋高台阶螺纹车削,如图 8-11 所示。

（2）拨动三星齿轮手柄，变换丝杠旋转方向；车刀由退刀槽处进给，从车头向尾座方向进给车削螺纹。

8. 低速车削螺纹时切削用量的选择

低速车削螺纹时，要合理选择粗、精车切削用量，并要在一定的走刀次数内完成车削。现将练习 8-4 中车削 M24、M20、M16 的最少进刀次数列于表 8-2 中，仅作参考。低速切削螺距为 2～3 mm，长度 30 mm 左右的螺纹，一般在 30 分钟内可完成。

低速车削螺纹时，实际操作中一般都采用弹性刀杆，如图 8-12 所示。这种刀杆的特点是，当切削力超过一定值时，车刀能自动让刀，使切屑保持适当的厚度，可避免扎刀现象。

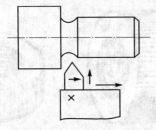

图 8-11 车削高台阶螺纹车刀

图 8-12 弹性刀杆螺纹车刀

表 8-2 车削 M24、M20、M16 的最少进刀次数

进刀数	M24 P=3mm			M20 P=2.5mm			M16 P=2mm		
	中滑板刀格数	小滑板赶刀（借刀）格数		中滑板刀格数	小滑板赶刀（借刀）格数		中滑板刀格数	小滑板赶刀（借刀）格数	
		左	右		左	右		左	右
1	11	0		11	0		10	0	
2	7	3		7	3		6	3	
3	5	3		5	3		4	2	
4	4	2		3	2		2	2	
5	3	2		2	1		1	1/2	
6	3	1		1	1		1	1/2	
7	2	1		1	0		1/4		
8	1	1/2		1/2	1/2		1/4	21/2	
9	1/2	1		1/4	1/2		1/2		1/2
10	1/2	0		1/4		3	1/2		1/2
11	1/4	1/2		1/2		0	1/2		1/2
12	1/4	1/2		1/2		1/2	1/4		0
13	1/2		3	1/2		1/2	螺纹深度=1.3mm, n=26 格		
14	1/2		0	1/4		0			
15	1/4		1/2	螺纹深度=1.625mm, n=32.5 格					
16	1/4		0						
	螺纹深度=1.95mm, n=39 格								

9. 螺纹的测量和检查

(1) 大径的测量

螺纹大径的公差较大,一般可用游标卡尺或千分尺测量。

(2) 螺距的测量

螺距一般可用钢直尺测量,见图 8-6(a)。因为普通螺纹的螺距一般较小,在测量时,最好量 10 个螺距的长度,细牙螺纹的螺距较小,用钢直尺测量比较困难,这时可用螺距规来测量,见图 8-6(b)。测量时把钢片平行轴线方向嵌入牙形中,如果完全符合,则说明被测的螺距是正确的。

(3) 中径的测量

精度较高的三角形螺纹,可用千分尺测量,所测得的千分尺读数就是该螺纹的中径实际尺寸。

(4) 综合测量

用螺纹环规(见图 8-13)综合检查三角形外螺纹。首先应对螺纹的直径、螺距、牙型和粗糙度进行检查,然后再用螺纹环规测量外螺纹的尺寸精度。如果环规通端正好拧进去,而止规拧不进去,说明螺纹精度符合要求。

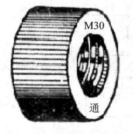
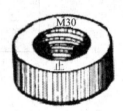

图 8-13 螺纹量规

对精度要求不高的螺纹也可以用标准螺母检查(生产中常用),以拧上工件时是否顺利和松动的感觉来确定。检查有退刀槽的螺纹时,环规应通过退刀槽与台阶平面靠平。

8.2.2 看生产实习图和确定练习件的加工步骤

1. 练习 8-2(见图 8-14)

加工步骤:

(1) 工件伸出 50 mm,找正夹紧。

(2) 粗、车外圆 $\phi 60_{-0.318}^{-0.038}$ 长 35 至尺寸要求。

(3) 倒角 1×45°。

(4) 粗、精车三角螺纹 M60×2 长 25 至尺寸要求。

(5) 检查(目测或自制环规)。

(6) 以后各次练习方法同上。

2. 练习 8-3(见图 8-15)

加工步骤:

(1) 工件伸出 40 mm 左右,找正夹紧。

(2) 粗、精车外圆 $\phi 39_{-0.318}^{-0.038}$ 长至 26 至尺寸要求。

(3) 倒角 1×45°。

(4) 粗、精车三角螺纹 M39×2,长 22 符合图样要求。

(5) 检查(用目测,第三次练习以后可用环规或标准螺母检查)。

(6) 以后各次练习方法同上。

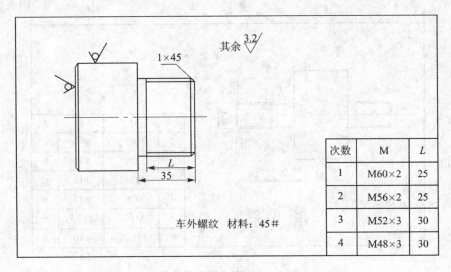

图 8-14 车铸铁外螺纹

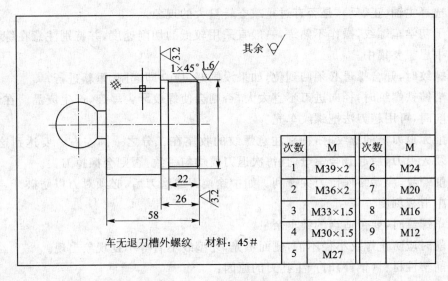

图 8-15 车无退刀槽外螺纹

3．练习 8-4（见图 8-16）

加工步骤：

（1）夹持滚花外圆 25 mm 左右，找正夹紧。

（2）粗、精车外圆 $\phi 30_{-0.318}^{-0.038}$ 至尺寸要求。

（3）割槽（已有）倒角 $1 \times 45°$。

（4）粗、精车三角螺纹 $M30 \times 2$ 符合图样要求。

（5）用螺纹环规检查。

（6）以后各次练习方法同上。

注意事项

● 车削螺纹前要检查组装交换齿轮的间隙是否适当。把主轴变速手柄放到空挡位置，用

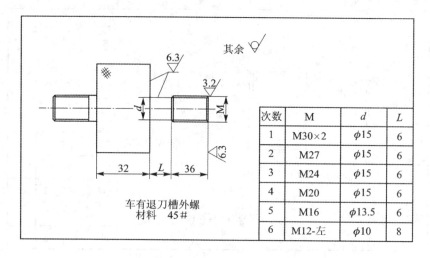

图 8-16 车有退刀槽外螺

手选择主轴(正、反),是否有过重或空转量大的现象。
- 由于初学车螺纹,操作不熟练,一般宜采用较低的切削速度,并特别注意在练习操作过程中思想要集中。
- 车螺纹时,开合螺母必须闸到位,如果没闸好,应立即起闸,重新进行。
- 车削铸铁螺纹时,径向进刀不宜太大,否则会使螺纹牙尖爆裂,产生废品。在最后几刀车削时,可用赶刀法把螺纹车光。
- 车削无退刀槽的螺纹时,特别注意螺纹的收尾在二分之一圆左右。要达到这个要求,必须先退刀,后起开合螺母,且每次退刀要均匀一致,否则会撞掉刀尖。
- 车削螺纹,应始终保持刀尖锋利。如中途换刀或磨刀后,必须对刀以防破牙,并重新调整中滑板刻度。
- 粗车螺纹时,要留适当的精车余量。
- 车削时应防止螺纹小径不清,侧面不光,牙型线不直等不良现象出现。
- 车削塑性材料(钢件)时产生扎刀的原因:

(1) 车刀装夹低于工件轴线或车刀伸出太长。
(2) 车刀前角或后角太大,产生径向切削力把车刀拉向切削表面,造成扎刀。
(3) 采用直进法时进给量太大,使刀具接触面积大,排屑困难而造成扎刀。
(4) 精车时由于采用润滑较差的乳化液,刀尖磨损严重,产生扎刀。
(5) 主轴轴承及滑板和床鞍的间隙太大。
(6) 开合螺母间隙太大或丝杠轴向窜动。

- 使用环规检查时,不能用力过大或用扳手强拧,以免环规严重磨损或使工件发生移位。
- 车螺纹时应注意的安全技术问题:

(1) 调整交换齿轮时,必须切断电源,停车后进行。交换齿轮装好后要装上防护罩。
(2) 车螺纹时是按螺距纵向进给,因此进给速度快。退刀和起开合螺母(或倒车)必须及时、动作协调,否则会使车刀与工件台阶或卡盘撞击而产生事故。
(3) 倒顺车换向不能过快,否则机床将受到瞬时冲击,容易损坏机件。在卡盘与主轴连接处必须安装保险装置,以防因卡盘在反转时从主轴上脱落。

(4) 车螺纹进刀时,必须注意中滑板手柄不要多摇一圈,否则会造成刀尖崩刃或工件损坏。

(5) 开车时,不能用棉纱擦工件,否则会使棉纱卷入工件,把手指也一起卷进而造成事故。

8.3 在车床上套螺纹

技能目标
◆ 掌握套螺纹的方法。
◆ 合理选择套螺纹时的切削速度及冷却液的使用。
◆ 能分析套螺纹时产生废品的原因及防止方法。

8.3.1 相关工艺知识

一般直径不大于 M16 或螺距小于 2 mm 的螺纹可用板牙直接套出来;直径大于 M16 的螺纹可粗车螺纹后再套螺纹。其切削效果以 M8~M12 为最好。由于板牙是一种成形、多刃的刀具,所以操作简单,生产效率高。

1. 圆板牙(见图 8-17)

板牙大多用高速钢制成。其两端的锥角是切削部分,因此正反都可使用。中间具有完整齿深的一段是校准部分,也是套螺纹时的导向部分。

2. 用板牙套螺纹的方法

(1) 套螺纹前的工艺要求

① 先把工件外圆车至比螺纹大径的基本尺寸小 0.2~0.4 mm(按工件螺距和材料塑性大小决定)。

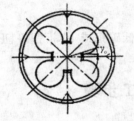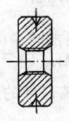

图 8-17 圆板牙

计算套螺纹圆柱直径的近似公式为
$$d_0 \approx d - (1.3 \sim 1.5)P$$
式中,d_0——圆柱直径(mm);
d——螺纹大径(mm);
P——螺距(mm)。

② 外圆车好后,工件的平面必须倒角。倒角要小于或等于 45°,倒角后的平面直径要小于螺纹小径,使牙板容易切入工件。

③ 套螺纹前必须找正尾座轴线与车床主轴轴线重合,水平方向的偏移量不得大

于 0.05 mm。

④ 板牙装入套丝工具或尾座自定心卡盘时,必须使其平面与主轴轴线垂直。

(2) 套螺纹方法

① 用套螺纹工具进行套螺纹(见图 8-18),把套螺纹工具体 1 的锥柄部分装在尾座套筒锥孔内,圆板牙 4 装入滑动套筒 2 内,使螺钉 3 对正板牙上的锥坑后拧紧。将尾座移到离工件一定距离处(约 20 mm)紧固,转动尾座手轮,使圆板牙 4 靠近工件表面,然后开动车床和冷却泵或加冷却润滑液。转动尾座手轮使圆板牙 4 切入工件,这时停止手轮转动,由滑动套筒 2 在工具体 1 内自动轴向进给。当板牙进到所需要的距离时,立即停车,然后开倒车,使工件反转,退出板牙。销钉 5 用来防止滑动套筒在切削时转动。

② 在尾座上用 100 mm 以下的三爪卡盘装夹板牙,套螺纹方法与上相同。但不能固定尾座,要调节好尾座与床鞍的距离,使其大于工件螺纹长度。小于 M6 的螺纹不宜用此法,因尾座的重量会使螺纹烂牙。

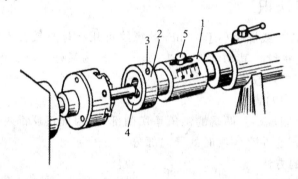

图 8-18 圆板牙套螺纹工具

3. 套螺纹时切削速度的选择

钢件:3~4 m/min,铸铁:2.5 m/min,黄铜:6~9 m/min。

4. 切削液的使用

切削钢件一般用硫化切削油、机油或乳化液。切削低碳钢或 40Cr 钢等韧性较大的材料可用工业植物油。切削铸铁可加煤油或不加。

8.3.2 看生产实习图和确定练习件的加工步骤

练习 8-5(见图 8-19)

加工步骤:

1. 夹住滚花处外圆 25 mm 长。
2. 粗、精车外圆 $\phi 10_{-0.18}^{0}$ 长 26 或 $\phi 8_{-0.15}^{0}$ 长 26。
3. 倒角 $1 \times 45°$。
4. 用 M10 或 M8 板牙套螺纹。
5. 调头粗车、精车外圆 $\phi 10_{-0.18}^{0}$ 长 36 或 $\phi 8_{-0.15}^{0}$ 长 36(控制中间长 31 mm),倒角 $1 \times 45°$。
6. 用 M10 或 M8 板牙套螺纹。
7. 检查。

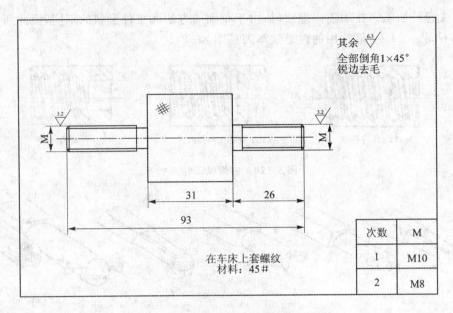

图 8-19 在车床上套螺纹

> **注意事项**

- 检查板牙的齿形是否损坏。
- 装夹板牙不能歪斜。
- 塑性材料套螺纹时应加充分冷却润滑液。
- 套螺纹的工件直径应偏小些,否则容易产生烂牙。
- 用小自定心卡盘装夹圆板牙时,夹紧力不能过大,以防板牙碎裂。
- 套 M12 以上的螺纹时应把工件夹紧,套螺纹工具在尾座里夹紧,以防套螺纹时切削力大引起工件移位,或套螺纹工具在尾座内打转。

8.4 车削三角形内螺纹

技能目标

- ◆ 巩固提高车内三角形螺纹的技能技巧。
- ◆ 能独立完成内螺纹的车削工作。
- ◆ 巩固、提高刃磨和修正内三角形螺纹车刀的技能。掌握内螺纹车刀的对刀方法。
- ◆ 正确使用螺纹塞规检查内螺纹的方法。
- ◆ 对加工过程中出现的某些弊病,给予一定的分析判断并能提出解决问题的办法。
- ◆ 进一步掌握合理选择切削用量的方法。M27×2 及 M30×2 要求在 15 刀左右完成,精度达到图样要求。

8.4.1 相关工艺知识

三角形内螺纹工件形状常见的有三种,即通孔、不通孔和台阶孔,如图 8-20 所示。其中通孔内螺纹容易加工。在加工内螺纹时,由于车削的方法和工件形状的不同,因此所选用的螺纹车刀也不同。工厂中最常用的内螺纹车刀见图8-21。

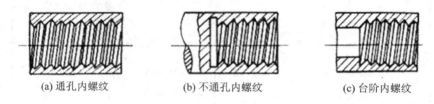

(a) 通孔内螺纹　　　(b) 不通孔内螺纹　　　(c) 台阶内螺纹

图 8-20　内螺纹工件形状

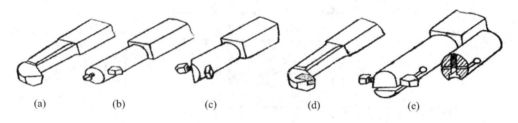

图 8-21　各种内螺纹车刀

1. 内螺纹车刀的选择和装夹

(1) 内螺纹车刀的选择

内螺纹车刀是根据它的车削方法和工件材料及形状来选择的。它的尺寸大小受到螺纹孔径尺寸限制。一般内螺纹车刀的刀头径向长度应比孔径小 3～5 mm,否则退刀时要碰伤牙顶,甚至不能车削。刀杆的大小在保证排屑的前提下,要粗壮些。

(2) 车刀的刃磨和装夹

内螺纹车刀的刃磨方法与外螺纹车刀基本相同。但是刃磨刀尖角时,要特别注意它的平分线必须与刀杆垂直,否则车削时会出现刀杆碰伤工件内孔的现象,如图 8-22 所示。刀尖宽度应符合要求,一般为 0.1×螺距。

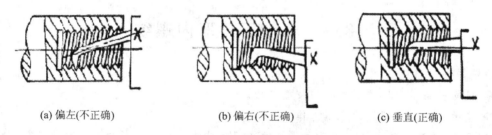

(a) 偏左(不正确)　　　(b) 偏右(不正确)　　　(c) 垂直(正确)

图 8-22　车刀刀尖角与刀杆位置关系

在装刀时,必须严格按样板找正刀尖角(见图 8-23(a)),否则车削后会出现倒牙现象。刀装好后,应在孔内摇动床鞍至终点,检查是否碰撞,见图 8-23(b)。

2. 三角形内螺纹孔径的确定

在车削内螺纹时,首先要钻孔或扩孔,孔径尺寸一般可采用以下公式计算:

$$D_{孔} = d - 1.082\,5\,P$$

其尺寸公差可查普通螺纹有关公差表。

例:练习 8-6 车 M45×2 的内螺纹,求孔径尺寸及查内螺纹小径公差表。

解: $D_{孔} \approx d - 1.0825P \approx \phi 42.83^{+0.375}_{0}$

3. 车削通孔内螺纹的方法

(1) 车削内螺纹前,先把工件的内孔、平面及倒角等车好。

(2) 开车空刀练习进刀、退刀动作。车削内螺纹时的进刀和退刀方向与车削外螺纹相反,如图 8-24 所示。练习时,需在中滑板刻度圈上做好退刀和进刀记号。

(3) 进刀切削方式与外螺纹相同。螺距小于 1.5 mm 或铸铁螺纹采用直进法;螺距大于 2 mm 采用左右切削法。为了改善刀杆受切削力的变形,它的大部分切削余量应先借在尾座方向切削掉,后车另一面,最后车清螺纹大径。车削内螺纹时,目测困难,一般根据观察排屑情况进行左、右赶刀切削,并判断螺纹的表面粗糙度。

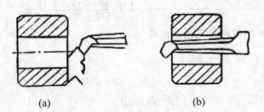
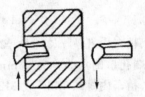

图 8-23 装夹内螺纹车刀　　　　图 8-24 进刀、退刀方向

4. 车削盲孔或台阶孔内螺纹

(1) 车退刀槽,它的直径应大于内螺纹大径,槽宽为 2~3 个螺距,并与台阶平面切平。

(2) 选择图 8-21(a)、(c)类形状车刀。

(3) 根据螺纹长度加上二分之一槽宽在刀杆上做好记号,作为退刀,开合螺母起闸之用。

(4) 车削时,中滑板手柄的退刀和开合螺母起闸(或开倒车)的动作要迅速、准确、协调,保证刀尖到槽中退刀。

5. 切削用量和冷却液选择

与车削三角形外螺纹相同。

8.4.2　看生产实习图和确定练习件的加工步骤

1. 练习 8-6(见图 8-25)

加工步骤:

(1) 夹住外圆,找正平面。

(2) 粗、精车内孔 $\phi 42.83^{+0.375}_{0}$。

(3) 两端孔口倒角 30°。

(4) 粗、精车 M45×2 内螺纹,达到图样要求。

(5) 以后各次练习,计算孔径方法同上。

2. 练习 8-7(见图 8-26)

加工步骤:

(1) 夹住外圆,找正平面。

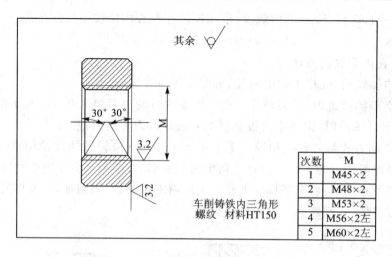

图 8-25 车削铸铁内三角形螺纹

(2) 粗、精车内孔 $\phi 17.3^{+0.45}_{0}$、$\phi 20.75^{+0.50}_{0}$ 或 $\phi 24.83^{+0.375}_{0}$。

(3) 两端孔口倒角 30°，宽 1 mm。

(4) 粗、精车内螺纹 M20 或 M24 或 M27 长 20，达到图样要求。

(5) 检查。

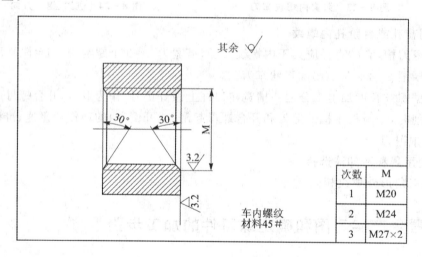

图 8-26 车内螺纹

3. 练习 8-8(见图 8-27)

加工步骤：

(1) 夹住外圆，找正平面。

(2) 粗、精车内孔 $\phi 27.83^{+0.375}_{0}$ 及内孔 $\phi 27.5$。

(3) 切内沟槽(控制长 28)。

(4) 孔口倒角 30°，宽 1 mm。

(5) 车 M30×2 内螺纹达到图样要求。

(6) 检查。

(7) 以后各次练习方法同上。

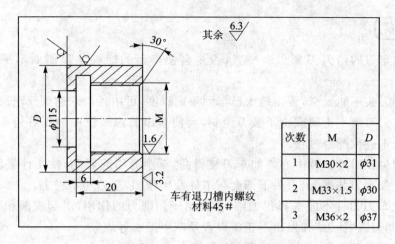

图 8-27 车有退刀槽内螺纹

4. 练习 8-9(见图 8-28)

加工步骤:

(1) 夹住滚花外圆,切除两端 M8 螺纹。

(2) 车平面,钻孔 $\phi16$ 长 26(包括钻尖)。

(3) 粗、精车内孔及底平面 $\phi17.3^{+0.45}_{0}$ 长 26。

(4) 切槽,控制长 26。

(5) 孔口倒角 30°,宽 1 mm。

(6) 车 M20 内螺纹达到图样要求。

(7) 检查。

(8) 以后各次练习方法同上。

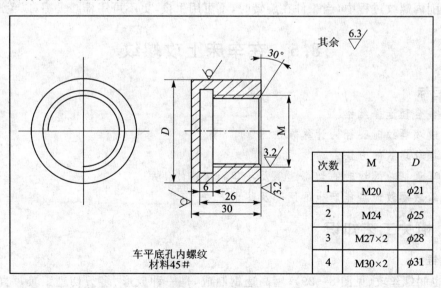

图 8-28 车平底孔内螺纹

注意事项

- 内螺纹车刀的两刀刃要刃磨平直,否则会使车出的螺纹牙形侧面不平直,影响螺纹精度。
- 车刀的刀头不能太窄,否则螺纹已车到规定深度,可中径尚未达到要求尺寸。
- 由于车刀刃磨不正确或由于装刀歪斜,会使车出的内螺纹一面正好用塞规拧进,另一面则拧不进或配合过松。
- 车刀刀尖要对准工件中心。如车刀装得高,车削时引起震动,使工件表面产生鱼鳞斑现象。如车刀装得低,刀头下部会与工件发生摩擦,车刀切不进去。
- 内螺纹车刀刀杆不能选择得太细,否则由于切削力的作用,引起震颤和变形,出现"扎刀"、"啃刀"、"让刀"和发出不正常声音及产生振纹等现象。
- 小滑板宜调整得紧一些,以防车削时车刀移位产生乱扣。
- 加工盲孔内螺纹,可以在刀杆上作记号或用薄铁皮作标记,也可用床鞍刻度盘的刻线等来控制退刀,避免车刀碰撞工件而报废。
- 赶刀量不宜过多,以防精车时没有余量。
- 车削内螺纹时,如发现车刀有碰撞现象,应及时对刀,以防车刀移位而损坏牙形。
- 精车螺纹刀要保持锋利,否则容易产生"让刀"现象。
- 因"让刀"现象产生的螺纹锥形误差(检查时,只能在进口处拧进船牙),不能盲目地加深切削深度,这时必须采用趟刀的方法,使车刀在原来的切刀深度位置,反复车削,直至全部拧进。
- 用螺纹塞规检查,应过端全部拧进,感觉松紧适当;止端拧不进。检查不通孔螺纹,过端拧进的长度应达到图样要求的长度。
- 车削内螺纹过程中,当工件在旋转时,不可用手摸,更不可用棉纱去擦,以免造成事故。

8.5 在车床上攻螺纹

技能目标

◆ 学会合理选择丝锥。
◆ 了解攻螺纹时孔径的计算方法。
◆ 掌握攻螺纹的方法。
◆ 合理选择攻螺纹时的切削速度及冷却润滑液的使用。
◆ 了解攻螺纹时可能产生的问题及防止方法。

8.5.1 相关工艺知识

1. 丝锥

丝锥也叫螺丝攻(见图 8-29),用高速钢制成,是一种成形、多刃切削工具。直径或螺距较小的内螺丝可用丝锥直接攻出来。

(1) 手用丝锥(见图 8-29(a))通常由两只或三只组成一套,俗称头锥、二锥、三锥。在攻螺纹时为了依次使用丝锥,可根据在切削部分磨去齿的不同数量来区别,如头锥磨去五到七牙,二锥磨去三到五牙,三锥差不多没有磨去。

(2) 机用丝锥(见图 8-29(b))一般在车床上攻螺纹用机用丝锥一次攻制成形。它与手用丝锥相似,只是在柄部多一条环形槽,用以防止丝锥从夹头中脱落。

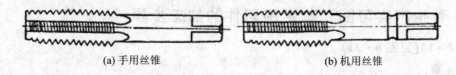

(a) 手用丝锥　　　　　　　　　(b) 机用丝锥

图 8-29　丝　锥

2. 攻螺纹前的工艺要求

(1) 攻螺纹前孔径的确定

攻螺纹时的孔径必须比螺纹小径稍大一点,这样能减小切削抗力和避免丝锥断裂。普通螺纹攻螺纹前的钻孔直径可按以下近似公式计算:

加工钢件及塑性材料:　　　　　$D_{孔} \approx D - P$ 　　　　　(8.3)

加工铸铁及脆性材料:　　　　　$D_{孔} \approx D - 1.05P$ 　　　(8.4)

式中,$D_{孔}$——攻螺纹前的钻孔直径(mm);

　　　D——内螺纹大径(mm);

　　　P——螺距(mm)。

(2) 攻制盲孔螺纹的钻孔深度计算

攻不通螺纹时,由于切削刃部分不能攻制出完整的螺纹,所以钻孔深度要等于需要的螺纹深度加丝锥切削刃的长度(约螺纹大径的 0.7 倍),即

$$钻孔深度 \approx 需要的螺纹深度 + 0.7D$$

(3) 孔口倒角

用 60°锪钻在孔口倒角,其直径大于螺纹大径尺寸。亦可用车刀倒角。

3. 攻制螺纹的方法

在车床上攻螺纹,先找正尾座轴线与主轴轴线重合。小于 M16 的内螺纹,钻孔、倒角后直接用丝锥攻出一次成形。如攻螺距较大的三角形内螺纹,可钻孔后先用内螺纹车刀粗车螺纹,再用丝锥攻螺纹;也可以采用分锥切削法,即先用头锥、再用二锥和三锥分三次切削。

用攻螺纹工具(见图 8-30)在车床上攻螺纹的方法:把其装在尾座锥孔内,同时把机用丝锥装进螺纹工具方孔中,移动尾座向工件靠近并固定,根据螺纹所需长度在攻螺纹工具上做好标记,然后开车,转动尾座手轮使丝锥在孔中切进几牙,这时手轮可以停止转动,让攻螺纹工具自动跟随丝锥前进直到需要的尺寸,即开倒车退出丝锥。

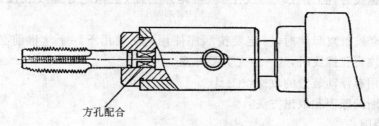

方孔配合

图 8-30　车床攻螺纹工具

4. 攻螺纹时切削速度的选择

钢件:3～15 m/min,铸铁、青铜:6～24 m/min。

5. 冷却润滑剂的使用与套螺纹相同

8.5.2 看生产实习图和确定练习件的加工步骤

练习 8-10(见图 8-31)

加工步骤:

1. 夹住外圆车平面(车出即可)。
2. 用中心钻钻定位孔。
3. 钻 $\phi 8.5$ 通孔,或钻 $\phi 10.25$ 通孔,或钻 $\phi 14$ 通孔。
4. 攻螺纹 M10 或 M12 或 M16。
5. 螺孔两端倒角。
6. 检查。

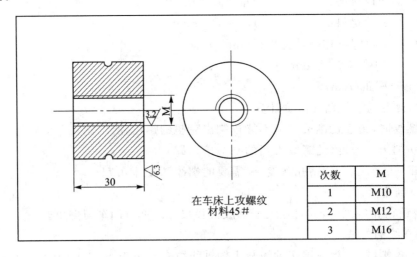

图 8-31 在车床上攻螺纹

> 注意事项

- 选用丝锥时,要检查丝锥牙齿是否损坏。
- 装夹丝锥时,应防止歪斜。
- 攻螺纹时应充分加注冷却润滑液。
- 攻盲孔螺纹时,必须在攻螺纹工具(或尾座套筒)上标记好螺纹长度尺寸,以防折断丝锥。
- 在用一套丝锥攻螺纹时,一定要按顺序使用。在换用下一个丝锥前必须清除孔中切屑。在攻盲孔螺纹时,这一点尤其要注意。
- 最好采用有浮动装置的攻螺纹工具。
- 丝锥折断的原因和取出方法:

(1) 折断原因:

① 攻螺纹前的底孔直径太小,造成丝锥切削阻力大。

② 丝锥轴线与工件孔径轴线不同轴,造成切削阻力不均匀,单边受力太大。
③ 工件材料硬而粘,且没有很好的润滑。
④ 在盲孔中攻制螺纹时,由于未测量孔的深度,或未在尾座套筒上做记号,以致丝锥碰着底孔而造成折断。
(2) 取出方法:
① 当孔外有折断丝锥的露出部分,可用尖嘴钳夹住伸出部分反拧出来,或用冲子反方向冲出来。
② 当丝锥折断部分在孔内时,可用三根钢丝插入丝锥槽中反向旋转取出。
③ 用上述两种方法均难取出丝锥时,可以用气焊的方法,在折断的丝锥上堆焊一个弯曲成 90°的杆,然后转动弯杆拧出。

课题九　钻、镗圆柱孔和切内沟槽

> **教学要求**
> ◆ 掌握麻花钻切削部分的刃磨方法及注意的事项
> ◆ 掌握内孔的车削方法及内圆车刀的刃磨方法

9.1　麻花钻的刃磨

技能目标
◆ 掌握麻花钻切削部分的刃磨方法。
◆ 懂得麻花钻刃磨时应注意的事项。

1．麻花钻的一般刃磨

麻花钻的刃磨好坏直接影响到钻孔质量和钻削效率。

麻花钻一般只刃磨两个主后面,并同时磨出顶角、后角及横刃斜角。刃磨技术要求高,因此,必须十分重视麻花钻的刃磨。

(1) 麻花钻的刃磨要求

麻花钻的两个主切削刃和钻心线之间的夹角应对称,刃长要相等,否则钻削时会出现单刃切削,或孔径变大,以及钻削时产生台阶等弊端。

(2) 麻花钻的刃磨方法和步骤

① 刃磨前,钻头的切削刃应放置在砂轮中心水平面上,或稍高些。钻头中心线与砂轮外圆柱面母线在水平面内的夹角等于顶角 2φ 的一半,同时钻尾向下倾斜,见图 9-1(a)。

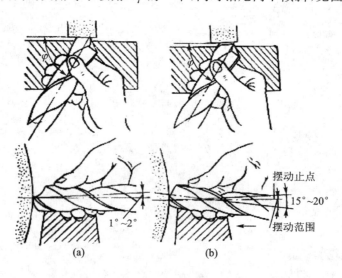

图 9-1　麻花钻的刃磨方法

② 钻头刃磨时用右手握住钻头前端作支点,左手握钻尾,以钻头前端支点为圆心,钻尾作上下摆动,见图9-1(b)。并略带旋转;但不能转动过多,或上下摆动太大,以防磨出负后角,或把另一面主切削刃磨掉。特别是在刃磨小麻花钻时更应注意。

③ 当一个主切削刃磨削完毕后,把钻头转过180°刃磨另一个主切削刃,人和手要保持原来的位置和姿势,这样容易达到两刃对称的目的。其刃磨方法同上。

2. 麻花钻的角度检查

(1) 目测法

当麻花钻磨好后,通常采用目测法检查。其方法是把钻头垂直竖在与眼等高的位置上,在明亮的背景下用肉眼观察两刃的长短和高低以及它的后角等,见图9-2。但由于视差关系,往往会感觉左刃高、右刃低,此时就要把钻头转过180°,再进行观察。这样反复观察对比,最好觉得两刃基本对称,就可使用。如果发现两刃有偏差,必须继续进行修磨。

(2) 使用量角器检查

使用量角器检查时,只需将角尺的一边贴在麻花钻的棱边上,另一边搁在刃口上,测量其刃长和角度,见图9-3。然后转过180°以同样方法检查即可。

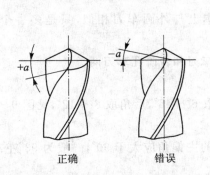

图9-2 目测法检测麻花钻的后角

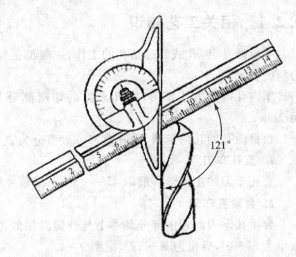

图9-3 用量角器检查麻花钻的刃长和对称性

3. 麻花钻的优缺点

优点:

(1) 钻削时是双刃同时切削,并有导向部分支持,不易产生振动。

(2) 钻身上有两条螺旋形棱边,钻孔时导向作用好,轴心线不容易歪斜。

(3) 钻头工作部分长,所以使用寿命也长。

缺点:

(1) 棱边上没有后角,钻削时与孔壁发生摩擦,因此热量高,棱边容易磨损。

(2) 横刃长,轴向钻削阻力大,定心差。

(3) 主切削刃上前角变化大,接近钻心处已变成负前角,所以钻心处实际上是挤压和括削,因此切削条件变差。

> **注意事项**
>
> - 刃磨钻头时,钻尾向上摆动,不得高出水平线,以防磨出负后角。钻尾向下摆动亦不能太多,以防磨掉另一条主刀刃。
> - 随时检查两主切削刃的刃长及与钻头轴心线的夹角是否对称。
> - 刃磨时应随时冷却,以防钻头刃口发热退火,降低硬度。
> - 初次学习刃磨时,应注意防止外缘边出现负后角。
> - 建议先用废旧麻花钻练习刃磨。

9.2 内孔车刀的刃磨

技能目标

◆ 掌握内孔刀的刃磨步骤及方法。
◆ 懂得内孔刀刃磨的注意事项。

9.2.1 相关工艺知识

不论锻孔、铸孔或经过钻孔的工作,一般都很粗糙,必须经过车削等加工后才能达到图样的精度要求。

车内孔需用内孔车刀,内孔车刀的切削部分基本上与外圆车刀相似,只是多一个弯头而已。

根据内孔的几何形状,内孔车刀一般可分为直孔车刀和台阶孔车刀两类。

1. 直孔车刀

直孔车刀的主偏角一般取 45°～75°,副偏角一般取 6°～45°,后角取 8°～12°,见图 9-4。

2. 台阶孔车刀

台阶孔车刀的切削部分基本上与外偏刀相似,它的主偏角应大于 90°,一般为 93°左右,副偏角为 3°～6°,后角为 8°～12°,见图 9-4。

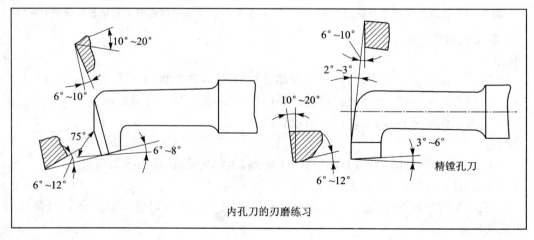

图 9-4 内孔刀的刃磨练习

3. 内孔车刀卷屑槽方向的选择

当内孔车刀的主偏角为 45°～75°,在主刀刃方向磨卷屑槽(见图 9-5),能使其刀刃锋利,切削轻快,在切削深度较深的情况下,仍能保持它的切削稳定性,故适用于粗车。如果在副刀刃方向磨卷屑槽(见图 9-5(a)),在切削深度较浅的情况下,能达到较好的表面质量。

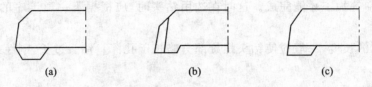

图 9-5 内孔刀刃磨卷屑槽

当内孔车刀的主偏角大于 90°,在主刀刃方向磨卷屑槽(见图 9-5(b)),它适宜于纵向切削,但切削深度不能太深,否则切削稳定性不好,刀尖容易损坏。如果在副刀刃方向磨卷屑槽(见图 9-5(c)),它适宜于横向切削。

9.2.2 看生产实习图和确定内孔车刀的刃磨步骤

练习 9-1(图 9-4)

刃磨步骤:

(1) 刃磨前面。
(2) 粗磨主后面。
(3) 粗磨副后面。
(4) 粗、精磨前角。
(5) 精磨主后面、副后面。
(6) 修磨刀尖圆弧。

注意事项

- 刃磨卷屑槽前,应先休整砂轮边缘处成为小圆角。
- 卷屑槽不能磨得太宽,以防车孔时排屑困难。
- 先磨练习刀。

9.3 钻 孔

技能目标

◆ 了解钻头的装拆方法和钻孔方法。
◆ 懂得切削用量的选择和冷却液的使用。
◆ 了解钻孔时容易产生废品的原因及阻止方法。
◆ 了解钻孔方法。
◆ 孔精度要求达到 IT12 级,径向跳动在 0.3 mm 之内。

9.3.1 相关工艺知识

1. 麻花钻的选用

对于精度要求不高的内孔,可以选用钻头直接钻出,不再加工。而对于精度要求较高的内孔,还需通过车削等加工才能完成。这时在选用钻头时,应根据下一道工序的要求,留出加工余量。

选择麻花钻的长度,一般应使钻头螺旋部分略长于孔深。钻头过长,刚性差,钻头过短,排屑困难。

2. 钻头的安装

直柄麻花钻用钻夹头装夹,再将钻夹头的锥柄插入尾座锥孔。锥柄麻花钻可直接或用莫氏变径套过渡插入尾座锥孔。

3. 钻孔方法

(1) 钻孔前先把工作平面车平,中心处不许有凸头,以利于钻头正确定心。

(2) 找正尾座,使钻头中心对准工件旋转中心,否则可能会扩大钻孔直径和折断钻头。

(3) 用细长麻花钻钻孔时,为了防止钻头产生晃动,可以在刀架上夹一挡铁(见图9-6)。

支撑钻头头部,帮助钻头定中心,其办法是:先用钻头钻入工件平面(少量),然后摇动中滑板移动挡铁支顶,见钻头逐渐不晃动时,继续钻削即可。但挡铁不能把钻头支过中心,否则容易折断钻头。当钻头已正确定心时,挡铁即可退出。

(4) 用小麻花钻钻孔时,一般先用中心钻定心,再用钻头钻孔,这样钻孔,同轴度较好。

(5) 钻孔后要铰孔的工件,由于余量较少,因此当钻头钻进1~2 mm后,应把钻头退出,停车测量孔径,以防孔径扩大,没有铰削余量而报废。

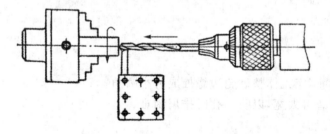

图9-6 防止钻头晃动,用挡铁支顶

9.3.2 看生产实习图和确定练习件的加工步骤

练习9-2(见图9-7)

加工步骤:

(1) 工件外圆找正、夹紧。

(2) 在尾座套筒内安装 ϕ18 mm麻花钻。

(3) 钻 ϕ18 通孔。

> **注意事项**

● 起钻时进给量要小,待钻头头部进入工件后才可正常钻削。

- 钻钢件时,应加冷却液,以防钻头发热退火。
- 当钻头将要钻穿工件时,由于钻头横刃首先穿出,因此轴向阻力大减,所以这时进给速度必须减慢。否则钻头容易被工件卡死,造成锥柄在尾座套筒内打滑而损坏锥柄和锥孔。
- 钻小孔或钻较深的孔时,由于切屑不易排出,必须经常退出钻头排屑,否则容易因切屑堵塞而使钻头"咬死"或折断。
- 钻小孔时,钻速应选得快一些,否则钻削时抗力太大,容易产生孔位偏斜和钻头折断。

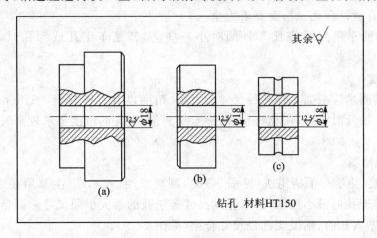

图 9-7 钻孔练习

9.4 车直孔

技能目标
- ◆ 刀的正确装夹和粗、精车切削用量的选择。
- ◆ 掌握内孔的加工方法和测量方法。要求在本课题结束时达到如下要求:
(1) 用内径千分尺测量。对比测量工件,达到图样要求。
(2) 用内测千分尺测量,达到图样要求。
(3) 用塞规测量,达到图样要求。
- ◆ 在本分课题结束时,要求车削五刀左右把孔车至尺寸(余量为2~3 mm)。
- ◆ 能正确使用冷却液。

9.4.1 相关工艺知识

1. 内孔车刀的装夹

(1) 内孔刀装夹时,刀尖应对准工件中心。刀杆与轴心线基本平行,否则车到一定深度后刀杆可能会与孔壁相碰,为了确保安全,通常在车孔前把内孔刀在孔内试走一遍,保证车孔的顺利进行。

(2) 为了增加内孔刀的刚性,防止产生振动,刀杆的伸出长度尽可能短些,一般比被加工孔长 5~10 mm。

(3) 车孔刀刀柄与工件轴线应基本平行,否则在车削到一定深度时刀柄后半部容易碰到工件的孔口。

车孔刀的装夹正确与否直接影响到车削情况及孔的精度,车孔刀装夹好以后,在车孔前先在孔内试走一遍,检查有无碰撞现象,以确保安全。

2. 车孔方法

(1) 直孔车削基本上与车外圆相同,只是进刀与退刀方向相反。

(2) 粗车和精车内孔时也要进行试切与试测,其试切方法与外切圆相同,即根据内向余量的一半横向进给,当车刀纵向切削至 2 mm 左右时纵向快速退出车刀(横向不动),然后停车试测。反复进行,直至符合孔径精度要求为止。

(3) 车孔时的车削用量应比车外圆时小一些,尤其是车小孔或深孔时,其切削用量应更小。

3. 孔径测量

孔径尺寸的测量应根据工件孔径尺寸的大小、精度以及工件数量,采用相应的量具进行。当孔的精度要求较低时,可采用钢直尺、游标卡尺测量;当孔的精度要求较高时,可采用下列方法测量。

(1) 用塞规检测

塞规由 通端、止端和手柄组成(见图 9-8),测量方便、效率高,主要用在成批生产中。塞规的通端尺寸等于孔的最小极限尺寸,止端尺寸等于孔的最大极限尺寸。测量时,通端能塞入孔内,止端不能塞入孔内,则说明孔径尺寸合格(见图 9-9)。

塞规通端的长度比止端的长度长,一方面便于修磨通端以延长塞规使用寿命,另一方面便于区分通端和止端。

测量盲孔用的塞规,应在通端和止端的圆柱面上沿轴向开排气槽。

用塞规检测孔径时,应保持塞规表面和孔壁清洁。检测时,塞规轴线应与孔轴线一致,不可歪斜,不允许将塞规强行塞入孔内,不准敲击塞规。

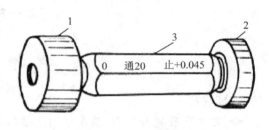

图 9-8 塞 规

不要在工件还未冷却到室温时用塞规检测。塞规是精密的界限量规,只能用来判别孔径是否合格,不能测量孔的实际尺寸。

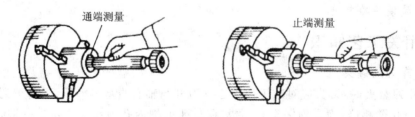

图 9-9 测量方法

(2) 用内径千分尺测量

内径千分尺由测微头和各种规格尺寸的接长杆组成(见图 9-10)。

内径千分尺的测量范围为 50～125 mm,125～200 mm,200～325 mm,325～500 mm,500～800 mm,……,4 000～5 000 mm。其分度值为 0.01 mm。

内径千分尺的读数方法与外径千分尺相同,但由于无测力装置,因此测量误差较大。

用内径千分尺测量孔径时,必须使其轴线位于径向,且垂直于孔的轴线(见图 9-11)。

(3) 用内测千分尺测量

内测千分尺是内径千分尺的一种特殊形式,其刻线方向与外径千分尺相反。

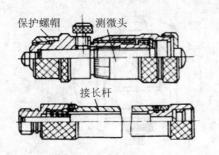

图 9-10 内径千分尺

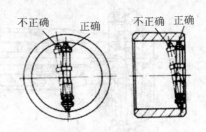

图 9-11 使用方法

内测千分尺的测量范围为 5～30 mm 和 25～50 mm。其分度值为 0.01 mm。

内测千分尺的使用方法与使用Ⅲ型游标卡尺的内外测量爪测量内径尺寸的方法相同(见图 9-12)。

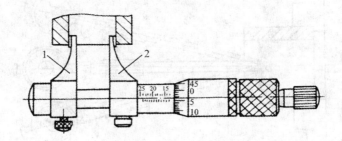

1—固定量爪；2—活动量爪

图 9-12 内测千分尺及其使用

(4) 用内径百分表测量

内径百分表结构如图 9-13 所示。百分表装夹在测架 1 上,触头(活动测量头)6 通过摆动块 7、杆 3 将测量值 1∶1 传递给百分表。测量头 5 可根据被测孔径大小更换。定心器 4 用于使触头自动位于被测孔的直径位置。

内径百分表是利用对比法测量孔径的,测量前应根据被测孔径用千分尺将内径百分表对准零位。测量时,为得到准确的尺寸,活动测量头应在径向方向摆动并找出最大值,在轴向方向摆动找出最小值(两值应重合一致)。这个值即为孔径基本尺寸的偏差值,并由此计算出孔径的实际尺寸(见图 9-14)。

内径百分表主要用于测量精度要求较高而且又深的孔。

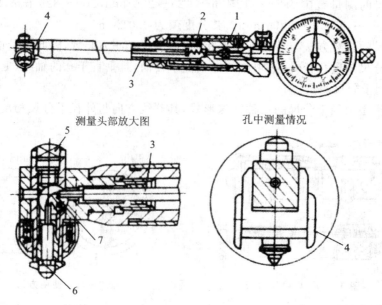

1—测架;2—弹簧;3—杆;4—定心器;5—测量头;6—触头;7—摆动块

图 9-13　内径百分表

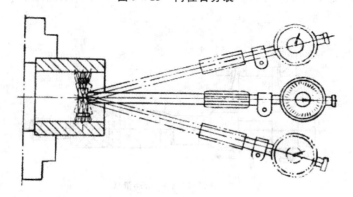

图 9-14　测量方法图

9.4.2　看生产实习图和确定练习件的加工步骤

练习 9-3(见图 9-15)

加工步骤:

(1) 夹住外圆找正。

(2) 车平面(车出即可)。

(3) 钻孔 $\phi 18$(已完成)。

(4) 粗、精车孔至尺寸要求。

(5) 孔口倒角 $1 \times 45°$。

(6) 检查后取下工件。

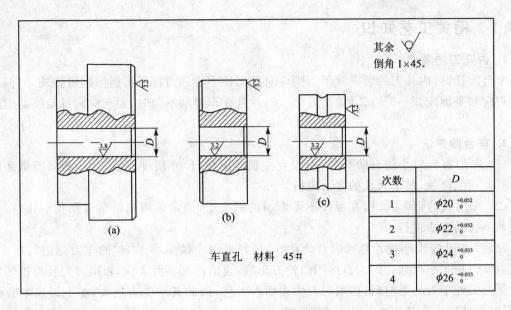

图 9-15 车直孔练习

> **注意事项**

- 注意平滑板进、退刀方向与车外圆相反。
- 用内卡钳测量时,两脚连线应与孔径轴心线相垂直,并在自然状态下摆动,否则其摆动量不正确,会出现测量误差。
- 用塞规测量孔径时,应保持孔壁清洁,否则会影响塞规测量。
- 当孔径温度较高时,不能用塞规立即测量,以防止工件冷缩把塞规咬死在孔内。
- 用塞规检查孔径时,塞规不能倾斜,以防造成孔小的错觉,把孔径车大。相反,在孔径小的时候不能用塞规硬塞,更不能用力敲击。
- 在内孔取出塞规时,应注意安全,防止与内孔刀碰撞。
- 车削铸铁内孔至接近内孔尺寸时,不要用手抚摸,以防止增加车削困难。
- 精车内孔时,应保持刀刃锋利,否则容易产生让刀(因刀杆刚性差),把孔车成锥形。
- 车小孔时,应注意排屑问题,否则由于内孔铁屑阻塞,会造成内孔刀严重扎刀而把内孔车废。

9.5 车台阶孔

技能目标

- ◆ 了解台阶的作用和技术要求。
- ◆ 掌握加工台阶的步骤和方法。
- ◆ 能使用塞规或内径百分表测量孔径。
- ◆ 能分析车孔时产生废品的原因及防止方法。

9.5.1 相关工艺知识

1. 内孔刀的装夹

车台阶孔时,内孔刀的装夹除了刀尖应对准工件中心和刀杆尽可能伸出短些外,内偏刀的主刀刃应和平面成3°~5°的夹角,见图9-16;并且在车刀削平面时,要求横向有足够的退刀余地。

2. 车台阶方法

(1) 车削直径较小的台阶孔时,由于直接观察困难,尺寸精度不易掌握,所以通常采用先粗、精车小孔、再粗、精车大孔的方法进行。

(2) 车削大的台阶孔时,在视线不受影响的情况下,通常采用先粗车大孔和小孔,再精车大孔和小孔的方法进行。

(3) 车削孔径大小相差悬殊的台阶孔时,最好采用主偏角小于90°的车刀先进行粗车,然后用内偏刀精车至尺寸。因为直接用内偏刀车削,进给深度不可太深,否则刀尖容易损坏。其原因是刀尖处于刃的最前列,切削时刀尖先切入工件,因此其承受力最大,加上刀尖本身强度差,所以容易碎裂。其次由于刀杆细长,在纯轴向抗力的作用下,进刀深了容易产生振动和扎刀。

控制车孔长度的方法,粗车时通常采用刀杆上刻痕作记号(见图9-17(a)),或安放限位铜片(见图9-17(b)),以及用床鞍刻度盘的刻线来控制等。精车时还需要用钢直尺、游标深度尺等量具复量车准。

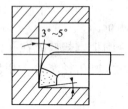

图9-16 内偏刀的装夹要求

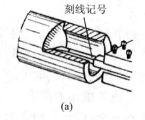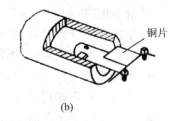

图9-17 控制车孔长度的方法

3. 内径百分表的测量方法

内径百分表是用对比法测量孔径,使用时应先根据被测工件的内径直径,用外径千分尺将表对准"零"位后,方可进行测量。测量方法见图9-14,取最小值为孔径的实际尺寸。

9.5.2 看生产实习图和确定练习件的加工步骤

练习9-4(见图9-18)

加工步骤:

(1) 夹住外圆,找正,夹紧。

(2) 车平面(车出即可)。

(3) 两孔粗车成形(孔径留0.5 mm之内的余量,孔深基本车准)。

(4) 精车小孔、大孔以及孔深至尺寸要求,并倒角0.5×45°。

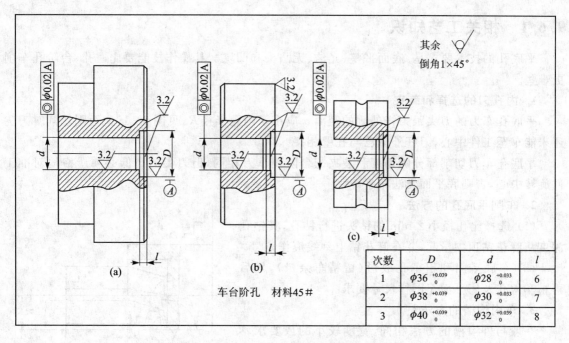

图 9-18 车台阶孔练习

注意事项

- 要求内平面内径平直,孔壁与内平面相交处清角,并防止出现凹坑和小台阶。
- 孔径应防止喇叭口和出现试刀痕迹。
- 用内径百分表测量前,应首先检查整个装置是否正常,如固定测量头有无松动,百分表是否灵活,指针转动后是否回到原位,指针对准的"零位"是否走动等。
- 用内径百分表测量时,不能超过弹性极限,强迫把表放入较小的内孔中,在旁侧的压力下,容易损坏机件。
- 用内径表测量时,要注意百分表的读法:

(1) 长指针和短指针应结合观察,以防指针多转一圈。
(2) 短指针位置基本符合,长指针转动至"零"位线附近,应防止"+"、"-"数值搞错。长指针过"零"位线则孔小;反之则孔大。

9.6 车平底孔和车内沟槽

技能目标

◆ 了解平底孔的技术要求。
◆ 掌握平底孔的车削方法。
◆ 能利用纵、横向刻度盘的刻线控制沟槽的深度和距离。

9.6.1 相关工艺知识

平底孔的技术要求是：底面平整、光洁、无凸头和凹坑。其操作技能要比通孔、台阶孔车削更难些。

1. 内孔刀的选择和装夹

平底孔车刀的刀尖跟刀杆外侧的距离 a 应小于内孔半径 R，见图 9-19。否则切削时刀尖还未能车至工件中心，刀杆外侧已与孔壁相碰。

平底孔车刀切削部分的角度和装夹与台阶孔车刀相同，但刀尖的高低必须严格地对准工件旋转中心，否则底平面无法车平。

2. 车削平底孔的方法

（1）选择比孔径小 2 mm 的钻头进行钻孔，其钻孔深度从麻花钻顶尖量起，并在麻花钻上刻线痕作记号。

（2）车底平面和粗车孔成形（留精车余量），然后再精车内孔及底平面至图样尺寸要求。

3. 车内沟槽的方法

一般与外沟槽的方法相同，宽度较小的或要求不高的窄沟槽用刀宽等于槽宽的内沟槽刀采用直进法一次车出。精度要求较高的内沟槽，一般可采用二次直进法车出，即第一次车槽时，槽壁与槽底留少许余量，第二次用等宽刀修整。很宽的沟槽可用尖头内孔车刀先车出凹槽，再用内沟槽车刀把沟槽两端修整。沟槽之间的距离和深度可用刻度盘的刻线控制。

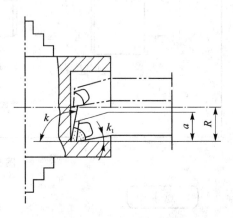

图 9-19 平底孔车削

4. 内沟槽的测量方法

测量内沟槽直径可用弯头游标卡尺测量，见图 9-20。测量时应注意沟槽的直径应等于其读数值再加上卡脚尺寸。

测量内沟槽宽度可用游标卡尺（见图 9-21(a)）和样板（见图 9-21(b)）测量，内沟槽的轴向位置可采用钩形深度游标卡尺来测量（见图 9-21(c)）。

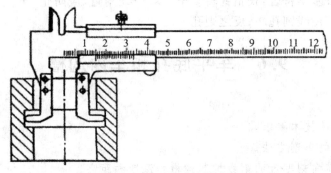

图 9-20 测量内沟槽直径

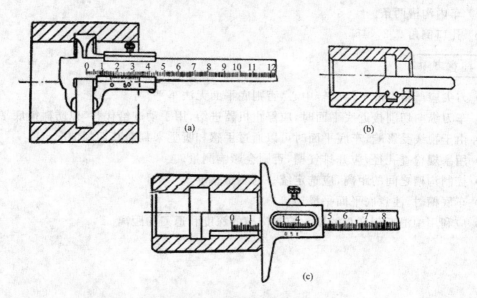

图 9-21 测量内沟槽的方法

9.6.2 看生产实习图和确定练习件的加工步骤

练习 9-5(见图 9-22)

加工步骤:

(1) 夹住外圆,找正,夹紧。

(2) 粗车平面和钻孔 φ30 长 24(包括钻尖在内)。

(3) 扩、车平底孔成形。

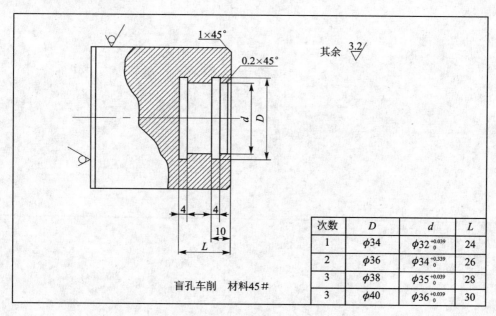

次数	D	d	L
1	φ34	φ32$^{+0.039}_{0}$	24
2	φ36	φ34$^{+0.339}_{0}$	26
3	φ38	φ35$^{+0.039}_{0}$	28
3	φ40	φ36$^{+0.039}_{0}$	30

图 9-22 车平底孔和车内沟槽练习

(4) 精车平面内孔及底面至尺寸要求。

(5) 车内沟槽两条。

(6) 孔口倒角 0.2×45°。

> **注意事项**

- 刀尖应严格对准工件旋转中心,否则底平面无法车平。
- 车刀纵向切削接近底平面时,应停止机器进给,用手动进给代替,以防碰撞底平面。
- 由于视线受影响,车底平面时可以通过手感和听觉来判断其切削情况。
- 用塞规检查孔径,应开排气槽,否则会影响测量。
- 控制沟槽之间的距离,应选定统一的测量基准。
- 车底槽时,注意底平面平滑连接。
- 应利用中滑板刻度盘的读数控制沟槽的深度和退刀的距离。

课题十　梯形螺纹

> **教学要求**
> 1. 了解梯形螺纹车刀的几何形状、角度及刃磨方法和刃磨要求
> 2. 掌握梯形螺纹的车削方法
> 3. 掌握梯形螺纹的测量方法

10.1　梯形螺纹车刀的刃磨

技能要求
◆ 了解梯形螺纹车刀的几何形状和角度要求。
◆ 掌握梯形螺纹车刀的刃磨方法和刃磨要求。
◆ 掌握用样板检查,并修整刀尖角的方法。

10.1.1　相关工艺知识

梯形螺纹车刀的几何角度和刃磨要求:梯形螺纹有米制和英制两类,米制牙型角为 30°,英制为 29°,一般常用的是米制梯形螺纹。梯形螺纹车刀分粗车刀和精车刀两种。

1. 梯形螺纹车刀的角度(见图 10-2)
① 两刃夹度　粗车刀应小于螺纹牙型角,精车刀应等于梯形螺纹牙型角。
② 刀头宽度　粗车刀的刀头宽度应为三分之一螺距,精车刀的刀头宽度应等于牙底槽宽减 0.05 mm。
③ 纵向前角　粗车刀一般为 15°左右;精车刀为了保证牙型角正确,前角应等于 0°,但实际生产时取 5°~10°。
④ 纵向后角　一般为 6°~8°。
⑤ 两侧刀刃后角　与方牙螺纹车刀相同。

2. 梯形螺纹车刀的刃磨要求
① 用样板(见图 10-1)校对刃磨两刃夹度。
② 由纵向前角的两刃夹角应进行修正。
③ 车刀入口要光滑、平直、无暴口(虚刀),两侧副刀刃必须对称,刀头不歪斜。
④ 用石油研磨去各刀刃的毛刺。

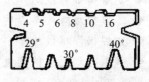

图 10-1　梯形螺纹车刀样板

10.1.2　看生产实习图和确定练习件的加工步骤

练习 10-1(见图 10-2)
刃磨步骤(梯形螺纹车刀):

(1) 粗磨主、副后面(刀尖角初步形成)。
(2) 粗、精磨前面或前角。
(3) 精磨主、副后面,刀尖角用样板检查修正。

方牙螺纹车刀的刃磨方法、步骤同上,宽度用千分尺或游标卡尺测量。

> **注意事项**

- 因为方牙螺纹车刀的宽度直接决定着螺纹槽宽尺寸,所以精磨方牙螺纹车刀时,要特别注意防止刀头宽度磨窄。刃磨过程中,应不断测量,并留 0.05~0.1 mm 的研磨余量。
- 刃磨两侧副后角时,要考虑螺纹的左、右旋向和螺纹升角的大小,然后确定两侧副后角的增减。
- 内螺纹车刀的刀尖角的角平分线应和刀杆垂直。
- 刃磨高速钢车刀,应随时放入水中冷却,以防退火失去车刀硬度。

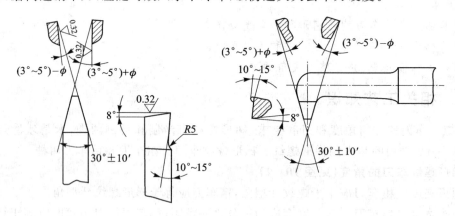

图 10-2 刃磨梯形螺纹车刀

10.2 车削梯形外螺纹

技能目标
- ◆ 了解梯形螺纹的作用和技术要求。
- ◆ 掌握梯形螺纹车刀的修磨。
- ◆ 掌握梯形螺纹的车削方法。
- ◆ 掌握梯形螺纹的测量和检查方法。

10.2.1 相关工艺知识

梯形螺纹的轴向剖面形状是一个等腰梯形,一般作传动用,精度高,如车床上的长丝杠和中小滑板的丝杆等。

1. 梯形螺纹的一般技术要求

(1) 螺纹中径必须与基准轴径同轴,其大直径尺寸应小于基本尺寸。
(2) 车削的梯形螺纹必须保证中径尺寸公差(梯形螺纹以中径配合定心)。

(3) 螺纹的牙型角要正确。

(4) 螺纹两侧表面粗糙度必须小。

2. 梯形螺纹车刀的选择和装夹

(1) 车刀的选择

通常采用低速切削,一般选用高速钢材料。

(2) 车刀的装夹

① 车刀主切削刃必须与工件轴线等高(用弹性刀杆应高于轴线约 0.2 mm),同时应和工件轴线平行。如图 10-3 所示。

② 刀头的角平分线要垂直于工件轴线,用样板找正装夹,以免生产螺纹半角误差,如图 10-3 所示。

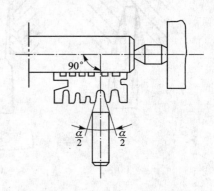

图 10-3 梯形螺纹车刀的装夹

3. 工件的装夹

一般采用两顶尖或一夹一顶装夹。粗车较大螺距时,可采用四爪卡盘一夹一顶,以保证装夹牢固;同时使用工件的一个台阶靠住卡爪平面(或用轴向撞头限位),固定工件的轴向位置,以防止因切削过大,使用工件移位而车坏螺纹。

4. 车床的选择和调整

(1) 挑选精度较高、磨损较少的机床。

(2) 正确调整机床各处间隙,对床鞍,中、小滑板的配合部分进行检查和调整,注意控制机床主轴的轴向窜动、径向圆跳动以及丝杆轴向窜动。

(3) 选用磨损较少的交换齿轮。

5. 梯形螺纹的车削方法

(1) 螺距小于 4 mm 和精度要求不高的工件,可以用一把梯形螺纹车刀,并用少量的左右进给法车削。

(2) 螺距大于 4 mm 和精度要求高的梯形螺纹,一般采用分刀车削的方法。

① 粗车、半精车梯形螺纹时,螺纹外径留 0.3 mm 左右余量,且倒角与端面成 15°。

② 选用刀头宽度稍小于槽底宽度的车槽刀(见图 10-4(a))粗车螺纹(每边留 0.25~0.35 mm左右的余量)。

③ 用梯形螺纹车刀采用左右切削梯形螺纹两侧,每边留 0.1~0.2 mm 的精车余量(见图 10-4(b),(c)),并车准螺纹小径尺寸。

④ 精车大圆至图样要求(一般小于螺纹基本尺寸)。

⑤ 选用精车梯形螺纹车刀,采用左右切削法完成螺纹加工(见图 10-4(d))。

6. 梯形螺纹的测量方法

(1) 综合测量法

用标准螺纹环规综合测量。

(2) 三针测量法

这种方法是测量螺纹中径的一种比较精密的方法,适用于测量一些精度要求较高,螺纹升角小于 4°的螺纹工件。测量时把三根直径相等的量计放置在螺纹相对应的螺旋槽中,用千分尺量出两边量计顶点之间的距离 M,如图 10-5 所示。

例:练习 10-2 车削 Tr32×6 梯形螺纹,用三针测量螺纹中径,求量针直径和千分尺读数

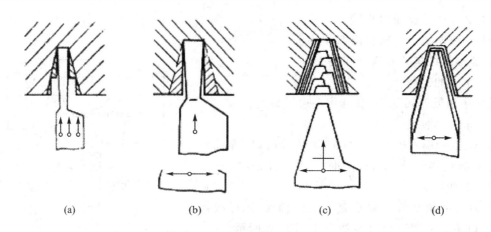

| (a) | (b) | (c) | (d) |

图 10-4 梯形螺纹车削方法

值 M。

解：量针直径　　　　$d_D = 0.518P = 3.1$ mm

千分尺读数值：

$$M = d_2 + 4.864 d_D - 1.866 P$$
$$= 29 + 4.864 \times 3.1 - 1.866 \times 6$$
$$= 29 + 15.08 - 11.20$$
$$= 32.88 \text{ mm}$$

测量时需考虑公差，则 $M = 32.88_{-0.45}^{-0.118}$ 为合格。

三针测量法采用的量针一般是专门制造的。在实际应用中，有时也用优质钢丝或新钻头的柄部来代替，但与计算出的量针直径尺寸往往不相符，这就需要认真选择。要求所代用的钢丝或钻柄直径尺寸最大不能放入螺旋槽时被顶在螺纹牙尖上，最小不能在放入螺旋槽时和牙底相碰，可根据表 10-1 所列的范围进行选用。

表 10-1

螺纹牙型角 α	钢丝或钻柄最大直径	钢丝或钻柄最小直径
30°	$d_{max} = 0.656P$	$d_{min} = 0.487P$
40°	$d_{max} = 0.779P$	$d_{min} = 0.513P$

（3）单针测量法

这种方法的特点是只需使用一根量针（见图 10-6）放置在螺旋槽中，用千分尺量出螺纹外径与量针顶点之间的距离 A。

例：练习 10-2 用单针测量 Tr32×6 梯形螺纹，如量得工件实际外径 $d_0 = 31.80$ mm，求单针测量值 A。

解：　　　　$A = (M + d_0)/2 = (32.88 + 31.80)/2 = 32.24$ mm

测量时需考虑公差 $A = 32.24_{-0.225}^{-0.059}$ 为合格。

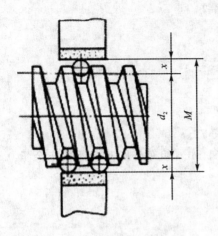
图 10-5 三针测量法

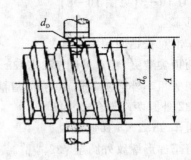
图 10-6 单针测量法

10.2.2 看生产实习图和确定实习件的加工步骤

1. 练习 10-2（见图 10-7）

加工步骤：

(1) 切断（把方牙螺纹一段切去）。

(2) 工件伸出 60 mm 左右，找正，夹紧。

(3) 粗、精车外圆 $\phi 3_{-0.375}^{\ 0}$ 长 50。

(4) 车槽 6×3.5 深。

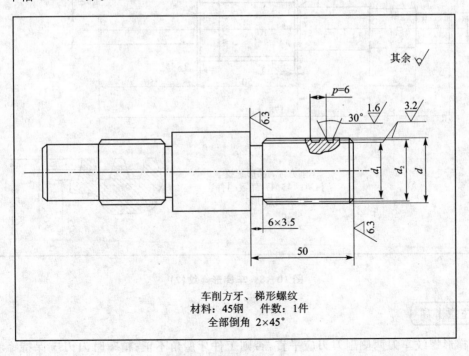

图 10-7 车梯形螺纹(1)

(5) 两端倒角 $\phi75\times15°$,粗车 Tr32×6 梯形螺纹。
(6) 精车梯形螺纹至尺寸要求。
(7) 第二次练习方法同上。

2. 练习 10-3(见图 10-8)

加工步骤:
(1) 车准总长钻两端中心孔。
(2) 两顶尖装夹,粗车外圆 $\phi22$ 长 78 至 $\phi23$ 长 76。
(3) 调头粗车外圆 $\phi17$ 长 50,$\phi17$ 留精车余量 1 mm,粗车外圆 $\phi32$ 留精车余量 0.5 mm。
(4) $\phi32$ 外圆两端倒角 $2\times45°$。
(5) 粗车 Tr32×6 梯形螺纹。
(6) 精车梯形螺纹外圆至 $\phi32_{-0.375}^{0}$。
(7) 精车梯形螺纹至尺寸要求。
(8) 精车外圆 $\phi17_{-0.018}^{0}$ 长 50。
(9) 掉头精车外圆 $\phi22_{-0.021}^{0}$ 长 36、$\phi20_{-0.02}^{0}$ 长 24 及 M16 螺纹至图样要求。
(10) 检查。

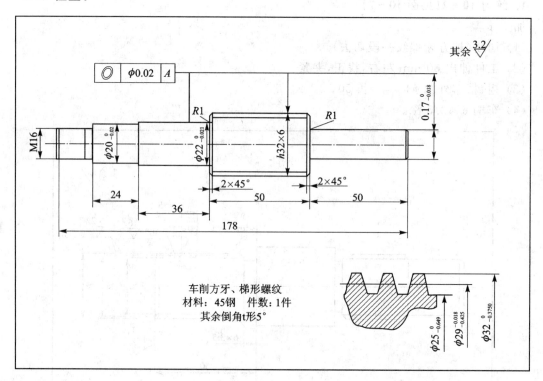

图 10-8 车梯形螺纹(2)

> **注意事项**

● 梯形螺纹车刀两侧副刀刃应平直,否则工件牙型角不正;精车时刀刃应保持锋利,要求螺纹两侧面表面粗糙度小。
● 调整小滑板的松紧,以防车削时车刀移位。

- 鸡头夹头或对分夹头应夹紧工件,否则车梯形螺纹时工件容易产生移位而损坏。
- 车梯形螺纹中途复装工件时,应注意保持拨杆原位,以防乱扣。
- 工件在精车前,最好重新修正顶尖孔,以保证同轴度。
- 在外圆上去毛刺时,最好把砂布垫在锉刀下面进行。
- 不准在开车时用棉纱擦工件,以防出危险。
- 车削时,为了防止因溜板箱手轮回转时的不平衡,使床鞍移动时产生窜动,可在手轮上装平衡块。最好采用手轮脱离装置。
- 车削梯形螺纹时以防"扎手",建议采用弹性刀杆。

10.3　车削梯形内螺纹

技能目标

◆ 了解孔径和刀头宽度的计算方法。
◆ 掌握梯形内螺纹车刀的刃磨和装夹要求。
◆ 掌握梯形内螺纹的车削方法和检查方法。

10.3.1　相关工艺知识

1. 梯形内螺纹孔径和刀头宽度的计算

(1) 梯形螺纹孔径的计算,一般采用公式 $D_{孔} \approx d = 1.0825P$,其孔径公差可查梯形螺纹有关公差表。

例:练习10-4 车削内梯形螺纹 Tr32×6,其孔径应是多大?

解:
$$D_{孔} \approx d - P \approx 26^{+0.50}_{0}$$

(2) 梯形内螺纹车刀刀头宽度的计算:刀头宽度比外梯形螺纹牙顶宽 f 稍大一些,亦可为 $0.366P^{+0.03\sim0.05}_{0}$。

2. 车刀和刀杆的选择及装夹

(1) 刀杆尺寸根据工件内孔尺寸选择,孔径较小采用整体式内螺纹车刀,一般采用刀杆式能承受切削力。其几何角度、刀具材料与梯形外螺纹车刀相同。梯形内螺纹车刀一般磨有前角(车铸铁梯形内螺纹车刀除外),通过计算来修正尖刀,也可查表10-1。

(2) 梯形内螺纹车刀的装夹基本上跟车三角形内螺纹时相同。车制对配的螺母时,保证车出的螺母与螺杆牙型角一致,采用专用样板,如图10-9所示,要以样板的基本靠紧工件的外圆表面来找对车刀的正确位置。

3. 梯形内螺纹的车削方法

梯形内螺纹的车削方法基本与车削三角形内螺纹相同。车削梯形内螺纹时,进刀深度不易掌握,可先车准螺纹孔径尺寸,然后在平面上车出一个轴向深1~2 mm,孔径等于螺纹基本尺寸(大径)的内台阶,如图10-10所示,作为对刀基准。粗车时,保证车刀刀尖和对刀基准有0.1~0.15 mm的间隙;精车时使用刀尖逐渐与对刀基准接触。调整中滑板刻度值至零位,再以刻度值零位为基准,不进刀车削2~3次,以消除刀杆的弹性变形,保证螺母的精度要求。

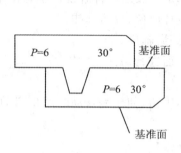

图 10-9 梯形螺纹专用样板

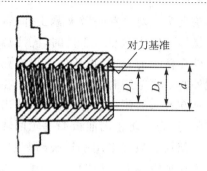

图 10-10 车削梯形螺母

10.3.2 看生产实习图和确定练习件的加工步骤

练习 10-4(见图 10-11)

加工步骤：

夹住 $\phi58\times18$ 外圆，车 $\phi50$ 长 40 并割断。

(1) 工件伸出 10 mm 左右，找正夹紧。

(2) 粗、精车内孔至 $\phi26^{+0.50}_{0}$。

(3) 孔口两端倒角 $1\times45°$。

(4) 粗、精车 Tr32×6 至图样要求（配练习 10-3 梯形外螺纹练习）。

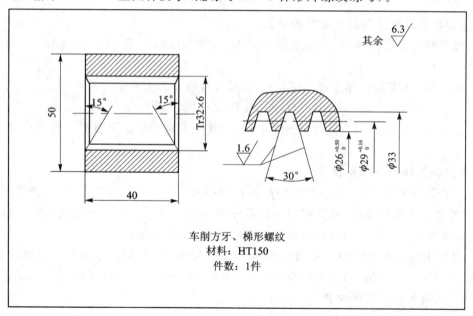

图 10-11 车削梯形内螺纹

> **注意事项**

● 刃磨时刀刃要直，装刀角度要正。

● 尽可能利用刻度盘控制退刀，防止刀杆与孔壁相碰。

● 车削铸铁梯形内螺纹时，容易产生螺纹形面碎裂，用直进法车削切削深度不能太深。

● 作为对刀基准的台阶，在内螺纹车好后，可利用倒内孔去除，如长度允许可把台阶车去再倒角。

课题十一　复合作业(二)

> **教学要求**
>
> 1. 通过复合作业的练习,要求进一步巩固、熟练、提高对内外圆、阶台、沟槽特性面、锥体、三角螺纹、方牙螺纹、梯形螺纹、蜗杆等车削的操作技能。
> 2. 应以车削有螺纹的零件为主,包括方牙、梯形螺纹、蜗杆、多头螺纹。
> 3. 掌握梯形螺纹的测量和综合检查。
> 4. 能根据车削的需要,刃磨各种工具。
> 5. 能合理使用精密量具(百分表、内径百分表、内径千分尺等)。
> 6. 使用不重磨刀距,掌握断屑方法。
> 7. 独立地确定一般零件的车削步骤,能自制简单的心轴,达到工件的同轴度和垂直度的要求。
> 8. 注意培养学生独立地工作能力,培养学生文明生产与安全生产的习惯。使学生能独立的选用量具、刀具和切削用量,对产生废品的原因能进行分析,并能独立地调整机床等。

1. 复合轴　材料45(见图11-1)

车削步骤:

(1) 三爪卡盘装夹 $\phi32$ 毛坯外圆、找正、伸出 65 mm。

① 平端面车平即可。

② 粗车外圆至 $\phi30.5$ mm,长 60 mm。

③ 精车外圆至 $\phi30_{-0.050}^{-0.025}$,长 60 mm。

④ 粗、精车 $\phi24_{-0.02}^{0}$ 至尺寸,长 25 ± 0.1 mm。

⑤ 车螺纹 M22 外圆 $\phi22_{-0.2}^{0}$ 至尺寸,长 15 ± 0.05 mm。

⑥ 切槽 8×3、槽 3×1、槽 4×2 至尺寸。

⑦ 倒角 $3.5\times45°$、$2\times45°$。

⑧ 精车外螺纹 $M22\times1.5-6g$。

⑨ 粗、精车螺纹 $Tr30\times6-7h$。

(2) 调头装夹外梯形螺纹外圆(铜皮包)找正。

① 偏端面保证总长 $100_{-0.1}^{0}$。

② 打中心孔。

③ 钻孔长 25 mm。

④ 镗孔长 25 mm,保证 $\phi12H7$。

⑤ 粗、精车外圆,保证 $\phi30_{-0.02}^{0}$、$Ra1.6$。

⑥ 保证 40 ± 0.05。

⑦ 车锥体 ▷ 1:10。

⑧ 去毛刺、检查。

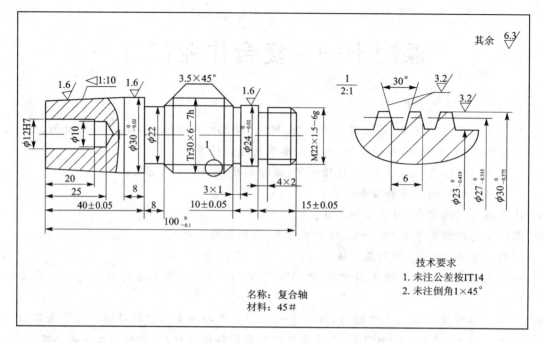

图 11-1 复合轴

2. 花键轴(见图 11-2)

加工条件:毛坯尺寸 $\phi36\times278$(锯料),设备 C616。

车削步骤:

(1) 调质前车削

① 三爪卡盘装夹毛坯外圆,找正。

② 车平面,车平即可。

③ 钻 $\phi2.5$ A 型中心孔。

④ 一夹一顶装夹。

a. 粗车大外圆至 $\phi33$,长至卡爪处。

b. 粗车台阶外圆至 $\phi28$,长 104。

c. 粗车小台阶至外圆 $\phi23$,长 52。

⑤ 工件调头用三爪卡盘装夹。

a. 车平面,保证总长 273(267+6 精车余量)。

b. 粗车台阶外圆 $\phi23$,长至 13。

(2) 调质后车削

① 三爪卡盘装夹外圆 $\phi33$ 处,找正。

a. 车短台阶平面,车平面即可。

b. 钻 $\phi2.5$ B 型中心孔。

② 工件调头装夹外圆 $\phi28$ 处,找正。

a. 车平面保持总长 267。

b. 钻 $\phi2.5$ B 型中心孔。

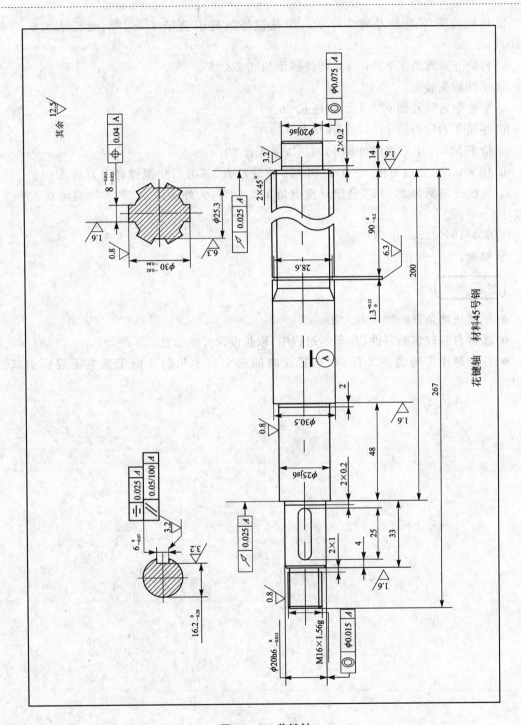

图 11-2 花键轴

③ 两顶尖装夹工件。

a. 半精车台阶外圆 $\phi 20^{+0.40}_{+0.30}$ 长,保证 14。

b. 半精车花键外圆 $\phi 33^{+0.45}_{+0.35}$ 长 $90^{\;0}_{-0.25}$。

c. 精车大外圆 $\phi 30.5$ 全部。

d. 切割台阶外圆退刀槽 2×0.2；切花键外圆处卡簧槽 $1.3^{+0.12}_{0}$、底径 $\phi 28.6$、保持尺寸 $90^{0}_{-0.20}$。

e. 台阶外圆倒角 1.2×45°；花键外圆倒角 2.2×45°。

④ 工件调头装夹。

a. 半精车台阶外圆 $\phi 20^{+0.40}_{-0.30}$，保证长 20。

b. 半精车台阶外圆 $\phi 25^{+0.45}_{-0.35}$，保证长 48。

c. 精车 M16×1.5 螺纹外圆 $\phi 16^{-0.05}_{-0.16}$，保证长 20。

d. 切 $\phi 20^{+0.40}_{-0.30}$ 处退刀槽 2×0.2，切 $\phi 25$ 处退刀槽 2×0.2，切螺纹处退刀槽 2×1。

e. 螺纹外圆倒角 1×45°，台阶外圆倒角 1.2×45°，大外圆及 $\phi 25^{+0.45}_{-0.35}$ 处倒角 0.3×45°（工艺要求）。

f. 车 M16×1.5-6g 螺纹。

⑤ 检查。

> **注意事项**

- 了解放磨余量的要求和大小。
- 懂得台阶较多的零件，在车削过程中，取长度尺寸的方法。
- 注意两顶尖间装夹工件，在车螺纹时的安全技术和防止由于装夹不妥而引起螺纹乱扣。

课题十二　车削偏心工件

> **教学要求**
> 1. 掌握在三爪卡盘上垫刀车削偏心工件的方法
> 2. 掌握垫片厚度的计算方法
> 3. 掌握偏心距的检查方法

偏心工件就是零件的外圆和外圆和内孔的轴线平行而不相重合。这两条平行轴线之间的距离称为偏心距。外圆与外圆偏心的零件叫做偏心轴或偏心盘；外圆与内孔偏心的零件叫做偏心套，如图 12-1 所示。

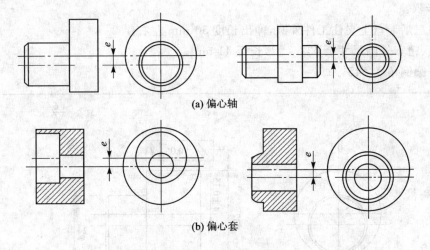

(a) 偏心轴

(b) 偏心套

图 12-1　偏心工件

在机械传动中，回转运动变为往复直线运动或往复直线运动变为回转运动，一般都是利用偏心零件来完成。例如用偏心轴带动的润滑油泵，汽车发动机中的曲轴等。

为了保证偏心零件的工作精度，在车削偏心工件时，要特别注意控制轴线间的平行度和偏心距的精度。

12.1　在三爪卡盘上车削偏心工件

12.1.1　相关工艺知识

长度较短的偏心工件可以在三爪卡盘上进行车削。先把偏心工件中不是偏心的外圆车好，随后在三爪中任意一个卡爪与工件接触面之间，垫上一块预先选好厚度的垫片，如图 12-2 所示，并把工件夹紧，即可车削。

垫片厚度可用下面公式计算：

$$X = 1/2(3e + \sqrt{D^2 - 3e^2} - D)$$

式中：D—卡盘夹住的工件部位的直径(mm)；

e—工件偏心距(mm)；

x—垫片厚度(mm)。

例：已知 $D=32$ mm，$e=4$ mm，求 X。

解：$x=1/2(3e+\sqrt{D^2-3e^2}-D)$

$=1/2(3\times 4+\sqrt{32^2-3\times 4^2}-32)$

$=5.62$ mm

12.1.2 看生产实习图和确定练习件的加工步骤

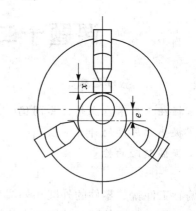

图 12-2 在三爪卡盘上车削偏心工件

练习 12-1（见图 12-3）

加工步骤：

(1) 在三爪卡盘上夹住工件外圆，伸出长度 50 mm 左右。

(2) 粗、精车外圆尺寸至 $\phi32_{-0.050}^{-0.025}$，长至 41 mm。

(3) 外圆倒角 $1\times 45°$。

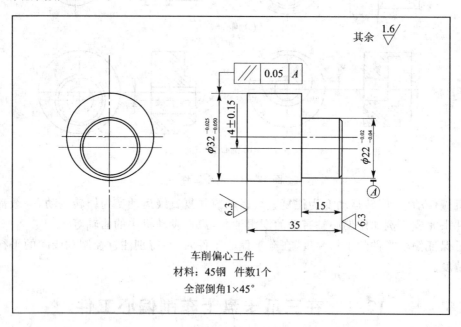

图 12-3 车偏心轴

(4) 切断，长 36 mm。

(5) 车准总长 35 mm。

(6) 工件在三爪卡盘上垫垫片装夹、校正、夹紧（垫片厚度为 5.62 mm）。

(7) 粗、精车外圆尺寸至 $\phi22_{-0.04}^{-0.02}$，长至 15 mm。

(8) 外圆倒角 $1\times 45°$。

(9) 检查。

> **注意事项**

- 选择垫片的材料,应有一定的硬度,以防止装夹时发生变形。垫片上抓脚接触的一面应做成圆弧面,其圆弧大小等于或小于抓脚圆弧,如果做成平的,则在垫片与抓脚之间将会产生间隙,造成误差,见图 12-2。
- 为了防止硬质合金刀头碎裂,车刀应有一定的刃倾角,切削深度大一些,走刀量小一些。
- 由于工件偏心,在开车前车刀不能靠近工件,以防止工件碰击车刀。
- 车削偏心工件时,建议采用高速钢车刀车削。
- 为了保证偏心轴两轴线的平行度,装夹时应用百分表校正工件外圆,使外圆侧母线与车床主轴线平行。
- 安装后为了校正偏心距,可用百分表(量程大于 8 mm)在圆周上测量,缓慢转动,观察其跳动量是否为 8 mm,如图 12-4 所示。
- 按上述方法检查后,如偏差超出允许范围,应调整垫片厚度,然后才可正式车削。
- 在三爪卡盘上车削偏心工件,一般仅适用于加工精度要求不很高,偏心在 10 mm 以下的短偏心工件。

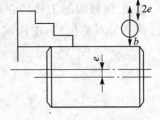

图 12-4 检查偏心距

12.2 在四爪卡盘上车削偏心工件

技能目标

◆ 掌握在四爪卡盘上车偏心工件的方法。
◆ 掌握偏心工件的划线方法(用划针盘)和步骤。
◆ 掌握偏心距的校正和检查方法。

12.2.1 相关工艺知识

一般精度要求不高,偏心距小,工件长度较短而简单的偏心工件可在四爪卡盘上车削。装夹工件时,必须校正已划好的偏心中心线,使偏心中心线跟车床主轴线重合。偏心校正好以后,还应校正工件外圆侧母线,使侧母线与车床主轴线平行。

图 12-5 所示的是偏心轴,它的划线及操作步骤如下:

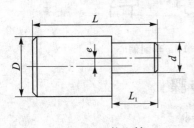

图 12-5 偏心轴

① 把工件毛坯车成圆轴,使它的直径等于 D,长度等于 L。在轴的两端面和车外圆上涂色,然后把它放在 V 形槽铁上进行划线,用划针先在端面上个外圆上划一条线,如图 12-6(a) 所示。

② 把工件旋转 90°,用角度尺对齐已划好的端面线,再划一条水平线,与前一条线成垂直,如图 12-6(b) 所示。

③ 用两脚规以偏心距 e 为半径,在工件的端面上取偏心距 e,做出偏心点。以偏心点为圆心做圆,并用样冲在所划出的线上打好样冲眼。这些样冲眼

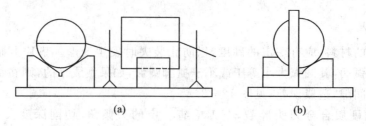

图 12-6 偏心工件的划线方法

应打在线上(见图 12-7),不能歪斜,否则会产生偏心距误差。

④ 把划好线的工件装在四爪卡盘上。在装夹时,先调节夹盘的两爪,使其呈不对称位置,另外两爪呈对称位置,工件偏心圆线在夹盘中央(见图 12-8)。

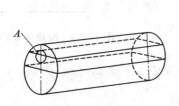
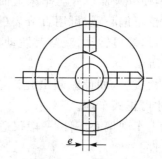

图 12-7 划偏心　　　　图 12-8 用四爪卡盘夹持偏心工件的方法

⑤ 在床面上放好小平板和划针盘,针尖对准偏心圆线,校正偏心圆。然后把针尖对准外圆水平线,如图 12-9 所示,自左至右检查水平线是否水平。把工件旋转 90°,用同样的方法检查另一条水平线,然后紧固卡脚和复查工件装夹情况。

⑥ 工件经校准后,把四爪再拧紧一遍,即可进行切削(见图 12-10)。在初切削时,走刀量和切削深度要小,等工件车圆后,切削用量可以增加,否则就会损坏车刀或使工件走动。

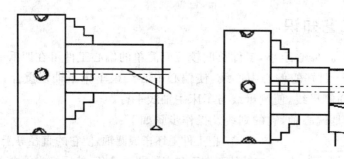

图 12-9 在外圆上校水平线　　　　图 12-10 车削偏心

12.2.2　看生产实习图和确定练习件的加工步骤

如图 12-11 所示,看生产实习图,并确定练习件的加工步骤。

加工步骤:

(1) 夹住外圆校正。

(2) 粗车端面及外圆 $\phi 42 \times 36$，留精车余量 0.8 mm，钻 $\phi 30 \times 20$ 孔（包括钻尖）。

(3) 粗、精车内孔 $\phi 32^{+0.025}_{0} \times 20$ 至尺寸要求。

(4) 精车端面及外圆 $\phi 42 \times 36$ 至尺寸要求。

(5) 外圆、孔口倒角 $1 \times 45°$。

(6) 切断工件长 36 mm。

(7) 调头夹住 $\phi 42$ 外圆并校正，车准总长 35 mm 及倒角 $1 \times 45°$（控制两端面平行度在 0.03 mm 之内）。

(8) 在工件上划线，并在线上打样冲眼。

(9) 按划线要求，在四爪卡盘上进行校正。

(10) 钻 $\phi 20$ 孔，粗、精镗内孔至尺寸 $\phi 22^{+0.021}_{0}$。

(11) 孔口两端倒角 $1 \times 45°$。

(12) 检查。

注意事项

- 在划线上打样冲眼时，必须打在线上或交点上，一般打四个样冲眼即可。操作时要求认真、仔细、准确，否则容易造成偏心距误差。
- 平板、划针盘底面要平整、清洁，否则容易产生划线误差。
- 划针要经过热处理使划针头部的硬度达到要求，尖端磨成 15°～20° 的锥角，头部要保持尖锐，使划出的线条清晰、准确。
- 工件安装后，为了检查划线误差，可用百分表在外面上面测量。缓慢转动工件，观察其跳动量是否为 8 mm。

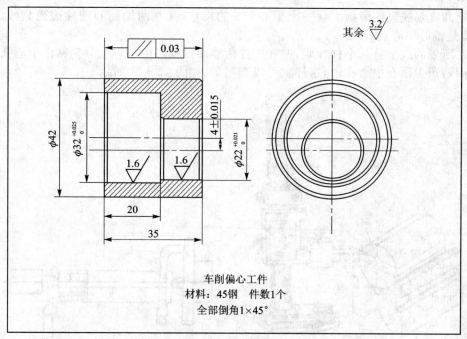

图 12-11 车偏心工件

12.3 在两顶尖车削偏心工件

技能目标
◆ 掌握车削偏心轴(包括简单曲轴)的方法和步骤。
◆ 掌握偏心轴(包括简单曲轴)的划线方法(用高度游标划线尺)和钻中心孔的要求。
◆ 能分析产生废品的原因及提出防止的方法。

12.3.1 相关工艺知识

较长的偏心轴,只要轴的两端面能钻中心孔,有鸡心夹头的装夹位置,一般应该用在顶尖件车削偏心的方法。图 12-12 所示的偏心轴即可用这种方法进行车削。它的操作步骤如下:

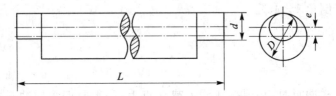

图 12-12 偏心距

① 把坯材车成要求的直径 D 和长度 L。
② 在轴的两端面和需要划线的圆柱表面涂色,然后把工件放在 V 形槽铁上,如图 12-13 所示,用高度游标划线尺量取最高点与划线平板之间的距离,记下尺寸,再把高度划线尺的游标下移到工件半径的尺寸,在工件的端面和圆柱表面划线。
③ 把工件转动 90°,用角尺对齐已划好的端面线,再用调整好的高度划线尺在两端面和圆柱表面划线。
④ 把高度划线尺的游标上移一个偏心距 e 的尺寸,并在两端面和圆柱表面划线,端面上的交点即是偏心中心点。
⑤ 在所划的线上打几个样冲眼,并在工件两端面的偏心中心点上分别钻出中心孔。
⑥ 用两顶尖顶在中心孔内,这样就可以车削了,如图 12-14 所示。

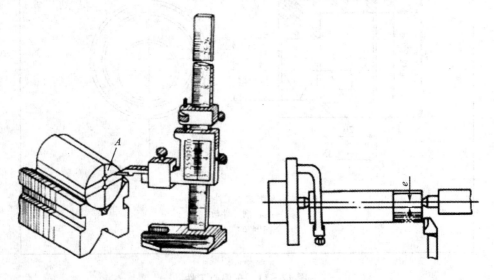

图 12-13 偏心轴的划线方法　　图 12-14 在两顶尖针间车偏心轴

曲轴也是偏心轴的一种,常用于内燃机中使往复直线运动变为旋转运动。曲轴可以在专用基础上加工,也可以在车床上加工,但操作技术要求高。这里练习的是简单曲轴的加工方法,基本上和偏心轴的加工方法相似。

12.3.2 看生产实习图和确定练习的加工步骤

练习 12-3(见图 12-15)

加工步骤:

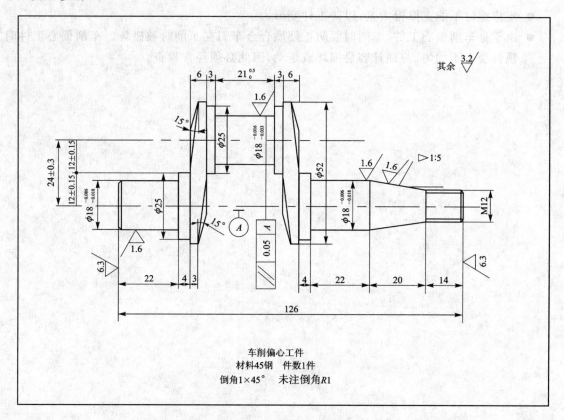

图 12-15 车简单曲轴

(1) 用三爪卡盘夹住工件一端的外圆,车削工件另一端的端面,钻中心孔 $\phi 3$。

(2) 一顶一夹车削外圆 $\phi 52$ 至尺寸要求,长度尽可能留得长些。

(3) 用三爪卡盘夹住工件的外圆,车准工件的总长 126 mm,工件两端面的表面粗糙度要达到要求。

(4) 把工件放在 V 形槽铁上,进行划线。

(5) 在工件两端面上,根据偏心距的间距,在相应位置钻中心孔(4 个)。

(6) 在两顶针尖安装工件,粗、精车中间一段 $\phi 25 \times 28$ 及 $\phi 18 \times 22$,倒角 $3 \times 15°$(两内测)。

(7) 在另一对中心孔上安装工件,并在中间凹槽中用螺钉螺母支撑住,支撑力量要适当。

(8) 粗车 $\phi 25$ 至 $\phi 26 \times 59$。

(9) 调头,在两顶针间安装工件,粗、精车 $\phi 25 \times 4$ 和 $\phi 18 \times 22$ 至尺寸要求及倒角 $1 \times 45°$(控制中间壁厚 6 mm)。

(10) 调头,在两顶针间安装工件,精车 $\phi25\times4$ 和 $\phi18\times22$ 及锥度 1∶5 至尺寸要求,车 M12 螺纹(控制中间壁厚 6 mm)。

(11) 倒角 $3\times45°$(两外侧)。

(12) 检查。

> 注意事项

- 划线、打样冲眼要认真、仔细、准确,否则容易造成两轴轴心线歪斜和偏心距误差。
- 支撑螺钉不能支撑得太紧,以防工件变形。
- 由于是车削偏心工件,车削时要防止硬质合金车刀在车削时被碰坏。车削偏心工件时顶针受力不均匀,前顶针容易损坏或走动,因此必须经常检查。

课题十三　高速车削三角形外螺纹

> **教学要求**
> 1. 掌握硬质合金三角形螺纹车刀的角度及刃磨要求。
> 2. 掌握高速车削三角形螺纹的方法及安全技术。
> 3. 能较合理地选择切削用量。

13.1.1　相关工艺要求

工厂普遍采用硬质合金螺纹车刀进行高速车削钢件螺纹。其切削速度比用高速钢车刀高 15～20 倍,而且进刀次数可减少三分之二以上,生产效率大大提高,并且螺纹两侧表面质量好。

1. 车刀的选择与装夹

(1) 车刀的选择

通常用镶有 YT15 刀片的硬质合金螺纹车刀,其刀尖应小于螺纹牙型角 30′～1°;后角一般 3°～6°,车刀前面和后面要经过精细研磨。

(2) 车刀的装夹

除了要符合螺纹车刀的装刀要求外,为了防止振动和"扎刀",刀尖应略高于工件中心,一般约高 0.1～0.3 mm。

2. 机床的调整和动作练习

(1) 调整床鞍和中、小滑板,使之无松动现象,小滑板应紧一些。

(2) 开合螺母要灵活。

(3) 机床无显著振动,并具有较高的转速和足够功率。

(4) 车削之前作空刀练习,选择 $n=200～500$ r/min,要求进刀、退刀、提起开合螺母动作迅速、准确、协调。

3. 高速切削螺纹

(1) 进刀方式

车削时只能用直进法。

(2) 切削用量的选择

切削速度一般取 50～100 r/min;切削深度开始大些(大部分余量在第一、第二刀车去),以后逐步减小,但最后一刀应不小于 0.1 mm。一般高速切削螺距为 1.5～3 mm、材料为中碳钢的螺纹时,只需 3～7 次走刀即可完成。切削过程中一般不需要加切削液。

例:练习 13-1 螺距为 1.5 mm、2 mm 其切削深度分配情况。

(1) $P=1.5$,总切削深度为 $0.65P=0.975$ mm。

第一刀切深:$a_{p1}=0.5$ mm;

第二刀切深:$a_{p2}=0.375$ mm;

第三刀切深：$a_{p3}=0.1$ mm。

(2) $P=2$ mm，总切削深度 $0.65P=1.3$ mm。

第一刀切深：$a_{p1}=0.6$ mm；

第二刀切深：$a_{p2}=0.4$ mm；

第三刀切深：$a_{p3}=0.2$ mm；

第四刀切深：$a_{p4}=0.1$ mm。

用硬质合金车刀高速切削材料为中碳钢或合金钢螺纹时，走刀次数可参照表 13-1 选择。

表 13-1 高速车削三角螺纹时的走刀次数

螺距/mm		1.5～2	3	4	5	6
走刀次数	粗车	2～3	3～4	4～5	5～6	6～7
	精车	1	2	2	2	2

13.1.2 看生产实习和确定练习件的加工步骤

1. 练习 13-1(见图 13-1)

加工步骤：

(1) 工件伸出 50 mm，找正，夹紧。

(2) 粗、精车外圆 $\phi 33_{-0.236}^{0}$ 长 40。

(3) 切槽 10×2。

(4) 螺纹两端倒角 $1\times45°$。

① 高速车削三角形螺纹 M33×1.5 至图样要求。

② 以后各次练习方法同上。

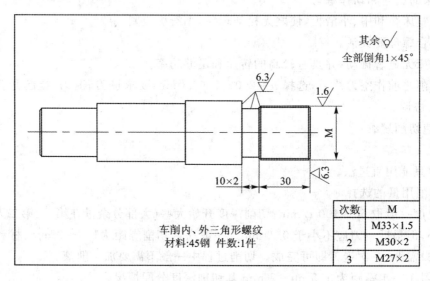

图 13-1 高速车外螺纹(1)

2. 练习 13-2(见图 13-2)

加工步骤：

(1) 工件伸出 105 mm 左右,找正夹紧。
(2) 粗、精车外圆 $\phi24$ 长 40 及 $\phi33_{-0.28}^{0}$ 长 48。
(3) 切槽 6×2。
(4) 螺纹两端倒角 1×45°。
(5) 高速车三角形螺纹 M33×2 至图样要求。
(6) 以后各次练习方法同上。

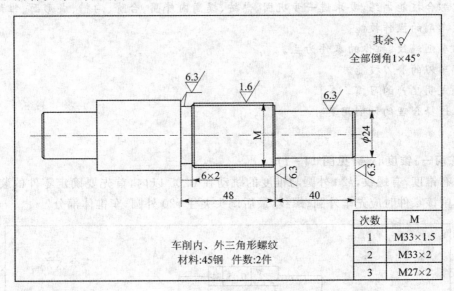

图 13-2 高速车外螺纹(2)

注意事项

- 高速切削螺纹前,要先作空刀练习,转速可以逐步提高,要有一个适应过程。
- 高速切削螺纹时,由于工件材料受车刀挤压使外径胀大,因此,工件外径应比螺纹大径的基本尺寸小 0.2~0.4 mm。
- 车削时切削力较大,必须将工件夹紧,同时小滑板应紧一些好,否则容易移位产生破牙。
- 发现刀尖处有"刀瘤"要及时清洁。
- 一旦产生刀尖"扎入"工件引起崩刃或螺纹侧面有伤痕,应停止高速切削,不能用手去拉,清除嵌入工件的硬质合金碎粒,然后用高速钢螺纹车刀低速修整有伤痕的侧面。
- 用螺纹环规检查前,应修去牙顶毛刺。
- 高速切削螺纹时操作比较紧张,加工时必须思想集中、胆大心细、眼准手快。特别是在进刀时,要注意中滑板不要多摇一圈,否则会造成刀尖崩刃,工件顶弯或工件飞出的事故。

课题十四 综合技能训练(实例讲解)

> **教学要求**
> 1. 通过综合技能训练,要求进一步巩固、熟练、提高内外圆、台阶、沟槽、成形面、锥体、三角螺纹车削的操作技能。
> 2. 应以车削螺纹、锥体的零件为主。
> 3. 巩固车刀的磨刀技能。
> 4. 养成文明生产的习惯。
> 5. 独立选择合理的切削用具。

1. 练习一:锥度心棒(见图 14-1)

图中有锥度,有螺纹,$\phi20$ 外圆与锥度的跳动在 0.05 以内,首先要确定零件的装夹方法,所以在车削该零件时应先车外圆、螺纹,最后调头夹住 $\phi20$ 外圆,车锥体部分。

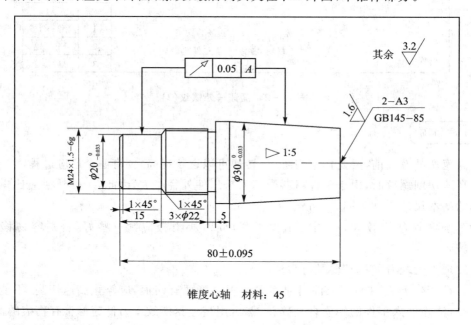

图 14-1 锥度心棒

车削步骤:
① 三爪卡盘装夹毛坯外圆,找正工件,伸出 40 mm。
② 车螺纹外圆 $\phi24_{-0.1}^{0}$ 至尺寸,保证长度 35 ± 0.05 mm。
③ 车外圆 $\phi20_{-0.033}^{0}$ 至尺寸长度 15 mm。
④ 倒角,$\phi20$ 外圆 $1\times45°$,螺纹外圆 $2\times45°$。
⑤ 切槽,$3\times\phi22$。

在车削外圆时,一般分粗车和精车,粗车的目的是切除加工表面的绝大部分余量,对加工表面没有严格要求,只需留精车余量即可。

精车是指车削的末首加工,加工余量较小,主要保证加工精度和加工表面质量,精车时切削力较小,一般将车刀磨得锋利。合金刀选择较高的切削速度,白钢刀选择较低的切削速度,走刀选择小些,以减小加工表面粗糙度 Ra 值。

该零件是单件,故选择白钢刀低速车削,低速车削三角形螺纹时,应根据工件的材质、螺纹的牙型角和螺距的大小及所处的加工阶段(粗车或是精车)等因素,合理选择切削用具。

(1) 由于螺纹车刀两切削刃夹角较小,散热条件差,所以切削速度比车外圆时低,一般粗车时,$v_c=10\sim15$ m/min,精车时 $v_c=6$ m/min。

(2) 粗车第一、二刀时,螺纹车刀刚切入工件,总的切削面积不大,可选择较大的切削深度(即背吃刀具),以后每次的切削深度应逐步减小。精车时,切削深度更小,排的切削很薄(像锡箔一样),以获得很小的表面粗糙度值。

(3) 车削螺纹时必须要在一定的走刀次数内完成。

根据图纸要求,该零件的外螺纹是 M2×1.5-6g,螺距 $P<2$ 阶段以选用直进刀法车削。车床中托板刻度盘为 0.02,螺纹深度=0.975 mm,中托盘进刀格数为 49 格(螺纹深度 $h=0.65\times P(1.5)=0.975$,$0.975\div0.02=49$ 格)

低速车削(螺距=1.5)三角形螺纹的进刀次数见表 14-1。

表 14-1 三角形螺纹的进刀次数

进刀数	1	2	3	4	5	6	7	8	9	10
进刀格数	10	8	8	6	5	4	3	2	1	1/2

调头用铜皮包住 $\phi20_{-0.033}^{0}$ 外圆,用千分表找正,保证 $\phi20$ 外圆与 $\phi30$ 外圆跳动在 0.05 以内。

(1) 车端面保证总长 80±0.095 mm。

(2) 车外圆保证 $\phi30_{-0.033}^{0}$。

(3) 车外圆锥,转动小托板 5°42′38′,锥体长度 40 mm,车外圆锥至尺寸要求去毛刺检查。在车外圆锥时,车刀刀尖必须严格对准工件的回转中心,否则车出圆锥母线不是直线,而是双曲线。

> 注意事项

- 车刀必须对准工件旋转中心,避免产生双曲线(母线不直)误差。
- 车削圆锥体前对圆柱直径的要求,一般应按圆柱大端直径放余量 1 mm 左右。
- 单刀刀刃要始终保持锋利,工件表面应一刀车出。
- 应两手握小托板手柄,均匀移动小托板。
- 用量角器检查锥度时,测量边应通过工件中心。用套规检查时,涂色要薄而均匀,转动量在半圈之内,多则容易造成误判。
- 防止紧固小托板螺帽时打滑而撞伤手。粗车时,吃刀量不宜过大,应先校正锥度,以防止工件车小而报废。一般留精车余量 0.5 mm。

- 检查锥度时,可先检查套规与工件的配合是否有间隙。
- 在转动小托板时,应稍大于圆锥斜角 α,然后逐次校准。当小托板角度调整到相差不多时,只须把紧固螺母稍松一些,用左手大拇指放在小托板转盘和刻度之间,切除中托板间隙,用铜棒轻轻敲击小托板所需校准的方向,使手指感到转盘的转动量,这样可较快地校准锥度。
- 小托板不宜过松,以防止工件表面车削痕迹粗细不一。

2. 练习二:轴(见图 14-2)

(1) 用三爪自定心长盘夹持坯料,车端面,钻中心孔。A3 粗车外圆(车掉黑皮即可)至卡盘处留 1 mm 精车余量。

(2) 掉头,车端面保证总长 115±0.1,钻中心孔 A3。

(3) 钻孔 $\phi 16$ 深度为 30 mm。

(4) 粗、精镗内孔 $\phi 25^{+0.033}_{0}$ 至尺寸并保证长度 $25^{+0.13}_{0}$。

(5) 孔口倒角 2×36°。

(6) 粗车外圆 $\phi 35$,留精车余量 1 mm,长度 45 mm。

(7) 切槽 $8\times\phi 32^{0}_{-0.10}$ 至尺寸。

(8) 调头,采用两顶尖装夹,粗、精车外圆 $\phi 40^{0}_{-0.062}$ 至尺寸。

(9) 车螺纹大径至尺寸,长度 30 mm,切退刀槽 $5\times\phi 29^{0}_{-0.084}$,两端倒角 1×45°。

(10) 用转动小托板法,车削锥度 1:7。

(11) 车削 M33×2-6h 成形。

(12) 调头两顶尖装夹,精车外圆 $\phi 35^{0}_{-0.025}$ 倒角 1×45° 至尺寸。

(13) 去毛刺。

(14) 检查。

3. 练习三:车削螺杆轴套配合件

(1) 工件图样:见图 14-3。

(2) 车削参考步骤

车削件 2(见图 14-4)的参考步骤:

① 用三爪自定心卡盘夹持坯料,伸出长度不少于 40 mm,车外圆(车掉黑皮即可)至卡盘处,车端面。

② 调头,夹持已车部分,车端面,粗车 $\phi 36^{0}_{-0.039}$ 外圆,留 2 mm 精车余量,长度为 54 mm。

③ 钻 $\phi 22$ 通孔。

④ 精车 $\phi 36^{0}_{-0.039}$ 外圆至尺寸,保证长度尺寸 55 mm 正确。

⑤ 采用三爪自定心卡盘在一个卡爪内垫垫片的方法,车偏心孔 $\phi 24^{+0.024}_{0}$ 至靠近上偏差尺寸,并保证偏心距 0.5+0.01 mm 尺寸正确。

⑥ 孔口倒角 C1 成形。

⑦ 调头垫铜皮夹持 $\phi 36$ 外圆处,伸出长度 40 mm 左右。在离卡盘最远处找正 $\phi 36^{0}_{-0.039}$ 外圆,径向圆跳动不大于 0.015 mm。车端面截总长至尺寸,保证长度尺寸 $\phi 20^{0}_{-0.052}$ 正确。

⑧ 车外圆 $\phi 48^{0}_{-0.025}$ 至尺寸。

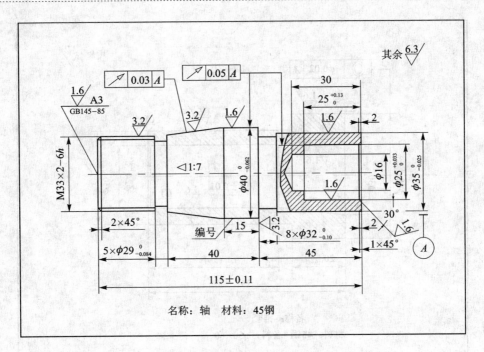

图 14-2 轴

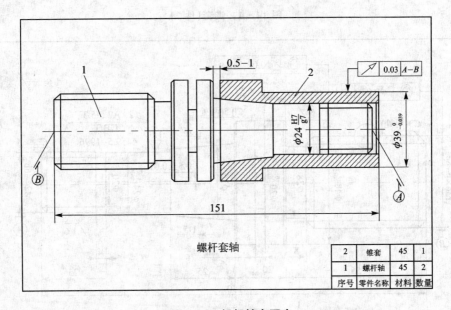

图 14-3 螺杆轴套配合

⑨ 车锥度 1∶5 成形。
⑩ 外圆倒角 C0.5 成形。
车削件 1（见图 14-5）的参考步骤：
① 用三爪自定心卡盘夹持坯料，车端面钻中心孔 A2.5/5.3，用后顶尖顶住，车外圆（车掉黑皮即可）至卡盘处。
② 调头，车端面截总长至尺寸，钻 A2.5/5.3 中心孔。

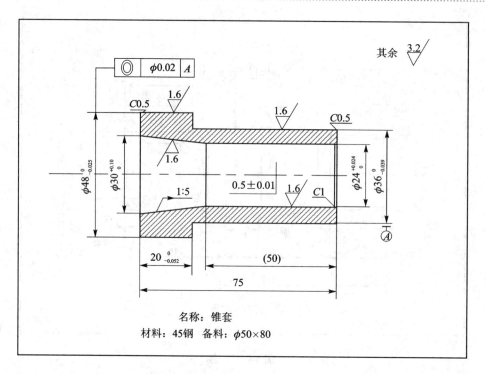

图 14-4 锥套(件 2)

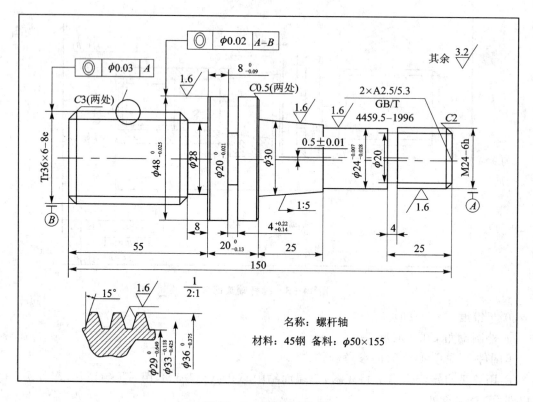

图 14-5 螺杆轴(件 1)

③ 用两顶尖装夹,粗车 $\phi 48_{-0.025}^{0}$ 长度不少于 80 mm,外圆留 1 mm 精车余量。
④ 车 Tr36×6-8e 大径至尺寸,长度为 55 mm。
⑤ 车 $\phi 28$ 宽度为 8 mm 至尺寸。
⑥ 粗车、精车 Tr36×6-8e 成形。
⑦ 螺纹两端倒角 C3 成形。
⑧ 调头采用两顶尖装夹,粗车外圆 $\phi 30$,留 2 mm 余量,长度为 73 mm。
⑨ 车 M24-6h 大径至尺寸。
⑩ 车 $\phi 20$ 至尺寸,保证宽度 4 mm 尺寸正确。
⑪ 用三爪自定心卡盘夹持 $\phi 48_{-0.025}^{0}$ 外圆部分,采用在一个卡爪内垫垫片的方法车削偏心轴 $\phi 24_{-0.028}^{-0.007}$ 至靠近下偏差尺寸,长度为 25 mm,并保证偏心距 0.5±0.01 mm 正确。
⑫ 采用两顶尖装夹,车削 M24-6h 成形。
⑬ 车 $\phi 30$ 圆柱,保证长度 $20_{-0.13}^{0}$ mm 和 25 mm 尺寸正确。
⑭ 用转动小滑板法车削锥度 1∶5,并不断用件 2 检验,直至配合合格为止。
⑮ 精车 $\phi 48_{-0.025}^{0}$ 至尺寸。
⑯ 车中间沟槽 $\phi 20_{-0.21}^{0}$ 至尺寸,保证宽度 $4_{-0.14}^{+0.22}$ mm 和 $8_{-0.09}^{0}$ mm 尺寸正确。
⑰ 两处 C0.5 和螺纹端部 C2 倒角成形。